U0254115

高等职业教育建设工程管理类专业"十四五"数字化新形态教材
高等职业教育建设工程管理类专业工作手册式教材

BIM 建模应用

斯　庆　郭文娟　主　编
史永红　李东升　赵嘉玮　副主编
程超胜　主　审

中国建筑工业出版社

图书在版编目（CIP）数据

BIM 建模应用 / 斯庆，郭文娟主编；史永红，李东升，赵嘉玮副主编. — 北京：中国建筑工业出版社，2024.7. --（高等职业教育建设工程管理类专业"十四五"数字化新形态教材）（高等职业教育建设工程管理类专业工作手册式教材）. -- ISBN 978-7-112-29949-2

Ⅰ. TU201.4

中国国家版本馆 CIP 数据核字第 2024UD2685 号

建筑行业领域受到 BIM 技术的影响，极大地改变了原有工作方式。高职院校工程造价专业应紧跟时代发展的趋势，注重 BIM 技术人才的培养，为建筑行业领域培养更多的合格人才。本教材基于"教、学、做"一体化，符合现代职业能力的培养目标。本教材结构合理，紧扣教学目标，体现职业教育人才培养规律，可以让学生掌握扎实的基本技能，为以后熟练掌握 BIM 类软件做基础。全书共分为 9 章：BIM 概述、BIM 应用软件体系、项目创建、结构模型的创建、建筑模型的创建、设备模型的创建、体量的创建、族的创建和成果输出。

为更好地支持相应课程的教学，我们向采用本书作为教材的教师提供教学课件，有需要者可与出版社联系，邮箱：jckj@cabp.com.cn，电话：010-58337285，建工书院 http://edu.cabplink.com（PC 端）。欢迎任课教师加入专业教学 QQ 交流群：745126886。

责任编辑：吴越恺
责任校对：赵　力

高等职业教育建设工程管理类专业"十四五"数字化新形态教材
高等职业教育建设工程管理类专业工作手册式教材
BIM 建模应用
斯　庆　郭文娟　主　编
史永红　李东升　赵嘉玮　副主编
程超胜　主　审

*

中国建筑工业出版社出版、发行（北京海淀三里河路 9 号）
各地新华书店、建筑书店经销
北京红光制版公司制版
北京同文印刷有限责任公司印刷

*

开本：787 毫米×1092 毫米　1/16　印张：20¼　字数：522 千字
2024 年 6 月第一版　　2024 年 6 月第一次印刷
定价：**48.00** 元（含学习工作页、赠教师课件）
ISBN 978-7-112-29949-2
（42843）

前　言

近年来，随着建设工程项目规模越来越大，复杂程度越来越高，技术含量也越来越高，导致项目的信息量也越来越大，如何对大量的信息进行管理是每一位项目管理人员必须要解决的问题。然而，传统基于纸介质作为信息传递、存储与管理的方法已不能满足现代工程项目管理的需要，因此，迫切需要在项目全寿命周期中广泛应用现代信息技术，快速处理与项目相关的各种信息，减少由于信息传递延误、信息不对称以及在信息传递过程中产生的偏差等原因所造成的项目目标失控，即必须在项目全寿命周期中实现对信息的实时共享与集成。在这种背景下，建筑信息模型 BIM（Building Information Modeling）技术应运而生。

我国于 2001 年开始应用并研究 BIM 技术，2010 年前后，我国开始在政策方面大力推广 BIM 的研究与应用，先后颁布了几部 BIM 发展纲要与实施指导意见，提出了中国建筑信息模型标准框架并成立中国 BIM 标准委员会，编制适合中国现状的 BIM 标准，逐步加大了对 BIM 技术的研究。通过不断的推广与实践，BIM 技术的应用在不断发展。BIM（建筑信息模型）技术是一种应用于工程设计、施工、运营、管理的数据化工具，通过建筑信息模型整合项目相关的各种信息，在项目策划、建筑、运行和维护的全生命周期过程中进行共享和传递，使工程技术人员对各种建筑信息做出正确理解和高效应对，在提高生产效率、管理精细化、节约成本和缩短工期等方面发挥重要作用。

BIM 技术的应用价值已经得到工程实践的验证，受到政府部门的高度关注、行业的普遍认可，成为高等院校和科研院所的研究热点。建筑行业领域受到 BIM 技术的影响，极大地改变了原有工作方式。高职院校相关专业应紧跟时代发展的趋势，注重 BIM 技术人才的培养，为建筑行业领域培养更多的合格人才。越来越多的高校对 BIM 技术有了一定的认识，并积极进行实践，尤其是一些建筑类院校首当其冲。无论是课程学习还是相关实训，都应当理论联系实际，如果不掌握 BIM 理论，就不能有效和正确地选择 BIM 软件，不能掌握 BIM 的硬件配置，也不能建立 BIM 团队。本教材编写的一个初衷就是理论和实践并重。

本教材为工作手册式教材，内容满足学生在工作现场学习的需要，提供简明易懂的"应知""应会"等现场指导信息；同时，又按照技术技能人才成长特点和教学规律，对学习任务进行有序排列，基于"教、学、做"一体化，符合现代职业能力的培养目标。教材丰富了工作过程中需要的指导性信息，剔除了工作中不需要的陈旧知识，拉近了产教之间的距离，以实际工程为案例，适合作为职业院校建筑施工技术、建设工程管理、给水排水科学与工程等专业基础课程教材，也可作为 BIM 技术培训教材、广大建筑信息模型爱好者实用的自学用书，以及从事建筑设计、施工等工作的初级与中级读者的参考用书。本教材的特点包括：

1. 学习目标体现需求导向。每一学习模块均设置了明确的学习目标，是教材内容的基本元素，决定了学习材料的深度和广度，在教材编写中具有画龙点睛的作用。

2. 学习内容体现工作任务导向。学习内容选择和编排以工作任务为导向，这是本教材最基本的特征，在教材中，详细列出从工作准备到工作验收的完整工作流程，清晰地介绍各个步骤可能遇到的问题与处理方法，尽可能利用多媒体辅助材料形象化地还原工作现场。

3. 编写主体体现双元组合。本教材的编写团队采用校企双元组合的编写主体结构，在产教融合的大背景下，职业教育的课堂教学需要及时反映技术发展的最新动态。学校教师与企业人员双方合作，实现课程及教材内容的动态调整。

4. 教材使用体现学生本位。工作手册式教材是一种供学生使用的学习材料，基本作用是为学生提供完成学习项目的指导信息。教材中不仅列举典型工作任务和典型案例，还安排"课后思考""学习反思"等环节促使学生主动思考，让学生学会举一反三，实现知识和技能的有效迁移，培养学生在不同工作情境下通用的问题解决能力。

本教材内容丰富、案例实用，具体内容包括：BIM 概述、BIM 应用软件体系、项目创建、结构模型的创建、建筑模型的创建、设备模型的创建、体量的创建、族的创建和成果输出。

本教材由内蒙古建筑职业技术学院斯庆、郭文娟任主编，内蒙古建筑职业技术学院史永红、李东升、赵嘉玮任副主编，内蒙古建筑职业技术学院王凯、袁玉洁、赵芳、高小燕、陈静、王宏仪、内蒙古工业大学冯斌、内蒙古交通职业技术学院崔海虎、内蒙古和利工程项目管理有限公司王杰、内蒙古自治区建筑业协会杨宇博、内蒙古自治区住房和城乡建设绿色研究发展中心赵佳伟及公诚信投资咨询有限公司杨晓蒙任参编。其中第1章由斯庆、王凯、冯斌编写；第2章、第3章由李东升、赵嘉玮、杨晓蒙编写；第4章由陈静、赵嘉玮、崔海虎编写；第5章由郭文娟、李东升、高小燕编写；第6章由袁玉洁、赵芳编写；第7章至第9章由李东升、王宏仪、史永红、杨宇博编写。斯庆、郭文娟负责统稿。

湖北城市建设职业技术学院程超胜教授任本教材主审。程超胜教授认真审阅了教材书稿并提出了宝贵的修改意见，对教材成稿提供了巨大帮助，在此表示感谢！

本教材在编写过程中，参考和引用了国内外文献资料，已在参考文献中列明，在此谨向相关作者表示衷心的感谢！

由于编者水平有限，书中难免存在不足和疏漏之处，敬请各位读者批评指正。

目　　录

1 BIM 概述

1. 了解：BIM 概念的起源与含义；BIM 技术的内容与优势。
2. 熟悉：BIM 的特点与作用。
3. 了解：BIM 技术在国外发展的状况；BIM 技术在国内的发展状况；我国近些年对 BIM 技术提出的政策及指导意见；BIM 技术的发展趋势。

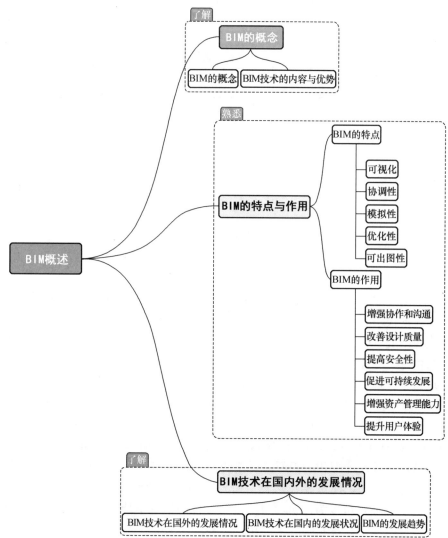

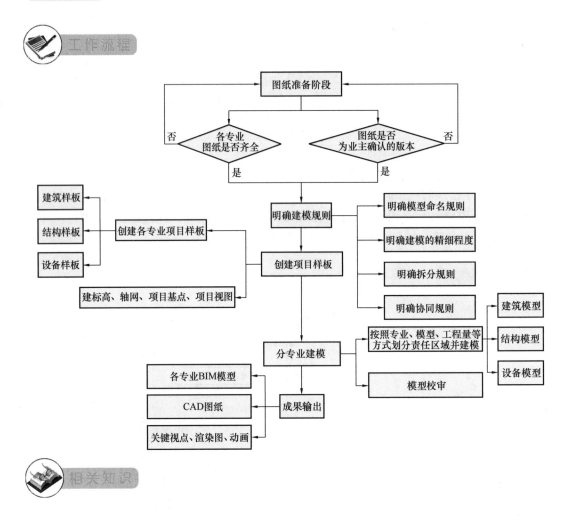

工作流程

相关知识

1.1 BIM 的概念

1. BIM 概念的起源

BIM 的全称是"建筑信息模型（Building Information Modeling）"，这项技术被称之为"革命性"的技术，源于美国乔治亚技术学院（Georgia Tech College）建筑与计算机专业的查克伊斯曼（Chuck Eastman）博士提出的一个概念：建筑信息模型包含了不同专业的所有的信息、功能要求和性能，把一个工程项目的所有的信息（包括在设计过程、施工过程、运营管理过程的信息）全部整合到一个建筑模型中。

BIM 技术的概念最早可以追溯到 20 世纪 70 年代，当时自动化技术和计算机技术的发展带动了建筑行业的数字化转型。然而，建筑行业的数字化转型并非一帆风顺，当时主流的 CAD（计算机辅助设计）软件只能处理建筑的二维图形，无法准确反映建筑物的三维结构和特征，导致设计师和工程师需要花费大量时间和精力去处理数据和纠正错误。

为了解决这些问题，建筑界开始着手研发一种新型的设计软件，即 BIM（建筑信息模型）软件。BIM 软件可以为建筑项目提供全方位的信息支持，包括建筑物的几何形态、材料、结构、机电设备等各方面信息，并且能够自动化地协调和管理这些信息。这些信息可以在整个建筑项目的生命周期中共享和利用，从而实现建筑项目的数字化管理和优化。

在 BIM 技术的发展初期，建筑行业对它并不十分重视，因为传统的二维设计和施工方式已经相对成熟和稳定。但随着 BIM 技术的不断发展和推广，越来越多的建筑行业从业者开始认识到 BIM 技术的重要性，并且开始逐步将其应用到建筑项目中。目前，BIM 技术已经成为建筑行业数字化转型的重要手段，对建筑设计、施工和运营管理等各个环节都有着显著的促进作用。

2. BIM 概念的含义

BIM 的含义总结为以下三点：

（1）BIM 是以三维数字技术为基础，集成了建筑工程项目各种相关信息的工程数据模型，是对工程项目物理实体与功能特性的数字化表达。

（2）BIM 是一个完善的信息模型，能够连接建筑项目在生命期内不同阶段的数据、过程和资源，是对工程对象的完整描述，提供可自动计算、查询、组合拆分的实时工程数据，可被建设项目各参与方普遍使用。

（3）BIM 具有单一工程数据源，可解决分布式、异构工程数据之间的一致性和全局共享问题，支持建设项目生命期中动态的工程信息创建、管理和共享，是项目实时的共享数据平台。

3. BIM 技术的内容与优势

在《建筑信息模型应用统一标准》GB/T 51212—2016 中，将 BIM 定义为：建筑信息模型 Building Information Modeling 或 Building Information Model，是指在建设工程及设施全生命期内，对其物理和功能特性进行数字化描述与表达，即完成设计、施工、运营的过程和结果的总称。

BIM 技术是一种多维（三维空间、四维时间、五维成本、N 维更多应用）模型信息集成技术，可以使建设项目的所有参与方（包括政府主管部门、业主、设计、施工、监理、造价、运营管理、项目用户等）在项目从概念产生到完全拆除的整个生命周期内都能够在模型中操作信息以及在信息中操作模型，从而在根本上改变从业人员依靠符号、文字、图纸等传统形式进行项目建设和运营管理的工作方式，其信息库不仅包括描述建筑物构件的几何信息、专业属性以及状态信息，还包含了非构件对象（如空间、运动行为）的状态信息，大大提高工程建设的信息集成化程度，从而实现在建设项目全生命周期内提高工作效率和质量的同时减少错误和风险的目标。

BIM 技术的内容与优势可以从以下几个方面来总结：

（1）数字化建筑模型：BIM 技术以三维数字技术为基础，将建筑物、设备、结构等物理实体和它们的功能特性数字化表达，形成数字化建筑模型。数字化建筑模型不仅包含建筑物的几何形状，还包括建筑物的属性、构造、性能、材料、成本等信息，是对建筑物全面、准确、精细的描述和模拟。

（2）全生命周期管理：BIM 技术支持建筑项目在生命周期的不同阶段进行信息交流和共享，包括建筑设计、施工、运营和维护等。在设计阶段，BIM 技术可以进行模拟和优化，帮助设计师更好地理解设计方案和解决设计问题。在施工阶段，BIM 技术可以帮助施工人员理解设计方案，精确定位施工位置和工艺流程，提高施工效率并减少错误。在运营和维护阶段，BIM 技术可以帮助物业管理人员进行设备维护、安全监管和资源分配，提高运营效率并减少能源消耗。

（3）协同工作环境：BIM 技术可以为各参与方提供可视化的模型，便于交流和沟通，增强团队协作。BIM 技术支持多人同时对同一个建筑模型进行编辑、修改、更新等操作，实现了协同工作环境。通过 BIM 技术，各参与方可以更好地协同工作，减少信息传递的误差和时间成本。

（4）可视化仿真技术：BIM 技术可以通过可视化仿真技术，对建筑物的空间、光照、热力、声学等方面进行模拟和分析。可视化仿真技术可以帮助设计师更好地了解设计方案的效果，预测建筑物的性能和环境对其的影响，提高设计质量和建筑物的可持续性。

（5）数据分析和决策支持：BIM 技术可以提供大量的数据和信息，支持对建筑物的分析和决策。BIM 技术可以对建筑物的各种属性进行数据分析，包括材料成本、施工成本、能源消耗等方面。通过对数据的分析，可以优化建筑物的设计方案，降低建筑物的成本和能源消耗，提高建筑物的可持续性和环境友好性。同时，BIM 技术也可以支持建筑物的管理和决策，包括施工计划、物资采购、质量控制等方面。通过 BIM 技术提供的数据和分析结果，管理人员可以做出更加明智的决策，提高项目的效率和质量。

（6）自动化设计和制造技术：BIM 技术可以支持自动化设计和制造技术，包括自动化 CAD 绘图、3D 打印、机器人施工等方面。通过 BIM 技术，设计师可以自动化生成建筑图纸和构件信息，提高设计效率和准确性。同时，BIM 技术也可以支持 3D 打印和机器人施工技术，实现建筑物的快速制造和装配，提高施工效率和减少人为误差。

BIM 技术是建筑行业数字化转型的重要工具，通过数字化建筑模型、全生命周期管理、协同工作环境、可视化仿真技术、数据分析和决策支持、自动化设计和制造技术等方面的支持，提高了建筑项目的效率和质量，降低了成本和风险，实现了建筑行业的可持续发展。

1.2　BIM 的特点与作用

1. BIM 技术的特点

BIM 是以建筑工程项目的各项相关信息数据作为模型的基础，建立建筑模型，通过数字信息仿真模拟建筑物所具有的真实信息。它具有可视化、协调性、模拟性、优化性和可出图性五大特点。

（1）可视化

可视化即"所见所得"的形式，对于建筑行业来说，可视化的作用是非常大的。例如经常拿到的施工图纸，只是各个构件的信息在图纸上采用线条绘制表达，但是其真正的构造形式就需要建筑业参与人员去自行想象了。对于一般简单的事务来说，这种想象也未尝不可，但是近年来建筑业的建筑形式各异，复杂造型不断推出，那么这种光靠人脑去想象的方式就未免有点不太现实了。所以 BIM 提供了可视化的思路，将以往的线条式的构件形成一种三维的立体实物图形展示在人们的面前。

而且，BIM 的可视化不同于效果图，它并不是简单的"看"，而是一种互动的可视化，在 BIM 建筑信息模型中，由于整个过程都是可视化的，可以在项目开始前预测建筑的性能，获得更直观的三维协调效果图（图 1-2-1）。经过整合的项目数据可提高时间和空间的协调利用率，甚至可在施工前确定设计中存在的问题与冲突。更重要的是，项目设计、建造、运营过程中的沟通、讨论、决策都在可视化的状态下进行。

图 1-2-1　可视化示意图

（2）协调性

协调性是建筑业中的重点内容，不管是施工单位还是业主及设计单位，无不在做着协调及配合的工作，一旦项目在实施过程中遇到了问题，就要将各有关人士组织起来开协调会，找各施工问题发生的原因及解决办法，然后出变更，做相应补救措施等解决问题。那么这个问题的协调真的就只能在出现问题后吗？在设计时，往往由于各专业设计师之间的沟通不到位，而出现各种专业之间的碰撞问题。例如暖通等专业中的管道在进行布置时，施工图纸是各自绘制在各自的施工图纸上的，但真正的施工过程中，可能在布置管线时正好在此处有结构设计的梁等构件在此妨碍着管线的布置，这种就是施工中常遇到的碰撞问题。BIM 的协调性服务就可以帮助处理这种问题，也就是说 BIM 建筑信息模型可在建筑物建造前期对各专业的碰撞问题进行协调，生成协调数据提供出来。当然，BIM 的协调作用也并不是只能解决各专业间的碰撞问题，它还可以解决例如：电梯井布置与其他设计布置及净空要求之协调，防火分区与其他设计布置之协调，地下排水布置与其他设计布置之协调等（图 1-2-2）。

（3）模拟性

模拟性并不是只能模拟设计出的建筑物模型，还可以模拟不能够在真实世界中进行操作的事物。在设计阶段，BIM 可以对设计上需要进行模拟的一些东西进行模拟实验，例如：节能模拟、紧急疏散模拟、日照模拟、热能传导模拟等。在招投标和施工阶段可以进行 4D 模拟（三维模型加项目的发展时间），也就是根据施工的组织设计模拟实际施工，从而确定合理的施工方案来指导施工。同时还可以进行 5D 模拟（基于 3D 模型的造价控制），从而实现成本控制。后期运营阶段可以模拟日常紧急情况的处理方式的模拟，例如地震人员逃生模拟及消防人员疏散模拟等（图 1-2-3）。

（4）优化性

整个设计、施工、运营的过程就是一个不断优化的过程，虽然优化和 BIM 不存在实质性的必然联系，但在 BIM 的基础上可以做更好的优化、更好地做优化。优化受三个条

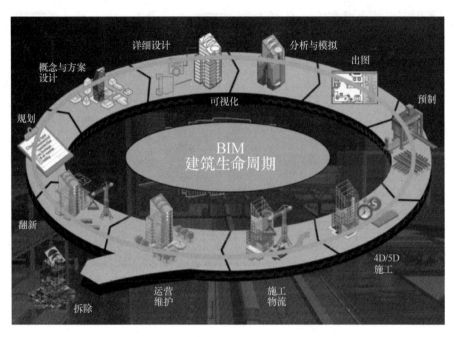

图 1-2-2　BIM 建筑生命周期示意图

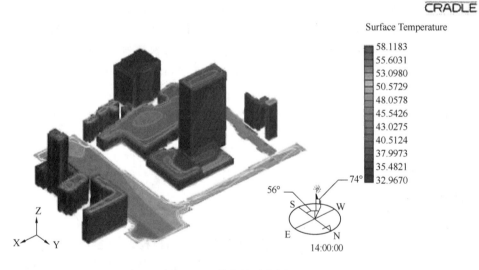

图 1-2-3　模拟性示意图

件的制约：信息、复杂程度和时间。没有准确的信息做不出合理的优化结果，BIM 模型提供了建筑物的实际存在的信息，包括几何信息、物理信息、规则信息，还提供了建筑物变化以后的实际信息。复杂程度高提高后，参与人员本身的能力无法掌握所有的信息，必须借助一定的科学技术和设备的帮助。现代建筑物的复杂程度大多超过参与人员本身的能力极限，BIM 及与其配套的各种优化工具提供了对复杂项目进行优化的可能。基于 BIM 的优化可以做下面的工作：

项目方案优化：把项目设计和投资回报分析结合起来，设计变化对投资回报的影响可以实时计算出来。这样业主对设计方案的选择就不会主要停留在对外观的评价上，可以使得业主知道哪种项目设计方案更有利于自身的需求。特殊项目的设计优化：例如裙楼、幕墙、屋顶、大空间到处可以看到异型设计，这些内容看起来占整个建筑的比例不大，但是占投资和工作量的比例和前者相比却往往要大得多，而且通常也是施工难度比较大和施工问题比较多的地方，对这些内容的设计施工方案进行优化，可以带来显著的工期和造价改进（图1-2-4）。

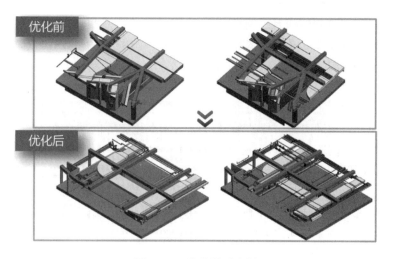

图1-2-4 优化性示意图

（5）可出图性

可以通过BIM直接使用数字模型来生成各种图纸，包括平面图、剖面图、立面图、结构图等。BIM在出图方面的另一个重要优势是可以支持多人协作。例如，多个团队可以在同一个BIM模型上进行协作，从而更好地支持图纸的制作和校核（图1-2-5）。这样可以极大地简化建筑图纸的制作流程，并且可以确保图纸的准确性和一致性。

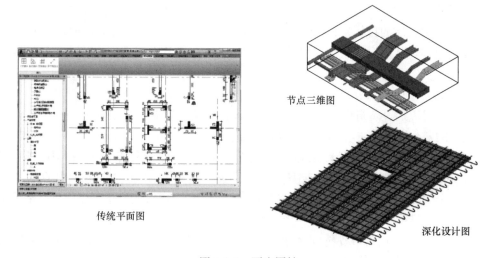

图1-2-5 可出图性

除此之外，还可以通过对建筑物进行可视化展示、协调、模拟、优化后，帮助业主出如下图纸：

① 综合管线图（经过碰撞检查和设计修改，消除相应错误后）。

② 综合结构留洞图（预埋套管图）。

③ 深化设计图纸。

④ 碰撞检查侦错报告和建议改进方案。

2. BIM 技术的作用

BIM 技术可以实现建筑设计、施工和运营全过程的信息集成和协同，提高建筑工程的效率、质量和可持续性，降低成本和风险。具体的作用有以下几点：

（1）增强协作和沟通

BIM 技术的可视化特点使得建筑项目的各方可以更加容易地理解和协调。在传统的建筑设计中，设计师、工程师、建筑师、承包商和客户等各方往往会因为信息不同步、沟通不畅等问题而产生沟通障碍，导致项目延误或成本超支等问题。而通过 BIM 技术，各方可以通过模型来共同查看和理解建筑物的特征和构造细节，更快速、更准确地共享和传递信息。这使得团队间的信息流更加顺畅，避免了信息断层和沟通不畅的情况。同时，BIM 模型也可以支持多方实时协作，使得各方可以同时编辑和更新模型，从而更加高效地完成项目。通过这种方式，BIM 技术有助于提高项目完成的效率和质量，减少了沟通和协调上的障碍，增强了团队之间的协作和沟通能力。

（2）提高设计质量

BIM 技术可以通过建筑物的数字化模型，提高建筑项目的设计质量和可靠性。BIM 模型可以在建筑项目的早期阶段进行快速模拟和分析，通过对建筑物的构造和性能进行测试和分析，来更好地理解建筑物的性能和特征。这些测试和分析可以包括空气流动、光照、能耗、结构等各方面的分析。通过 BIM 技术，设计团队可以更加精准地进行建筑项目的设计，从而提高整个项目的设计质量。

设计团队还可以通过分析和优化 BIM 模型，来提高设计的准确性、可持续性和可操作性。例如，设计团队可以通过 BIM 模型对建筑物进行能源分析，识别出节能的潜力，并提供合适的解决方案。另外，设计团队还可以使用 BIM 模型来优化建筑物的材料使用，从而实现可持续发展的目标。此外，BIM 模型还可以帮助设计团队更好地理解建筑物的操作和维护流程，从而提高整个项目的可操作性。这些都有助于提高建筑项目的设计质量和可靠性。

（3）提高安全性

BIM 技术可以通过建筑模型的模拟，帮助设计团队识别和消除潜在的安全风险，从而提高了建筑的安全性能。在建筑项目的设计和施工中，安全问题是必须要考虑的重要因素。BIM 模型的可视化特点可以让设计团队更好地了解建筑物的结构和特征，进行风险评估和预防。通过 BIM 模型模拟建筑物的不同场景，如火灾、地震等，可以帮助设计团队识别和消除潜在的安全风险。同时，在建筑物的施工和维护过程中，BIM 模型也可以提供详细的操作指南，让操作人员能够更加准确地执行各项工作，从而降低事故的发生率。

此外，BIM 技术还可以支持安全培训和演习，帮助工作人员更好地了解安全操作规程和应急预案。在建筑物的维护和保养方面，BIM 技术也可以帮助维护人员识别和解决问题，确保建筑物的安全和可靠性。因此，使用 BIM 技术可以有效提高建筑项目的安全性，减少事故和损失的发生，保障人员的生命和财产安全。

（4）促进可持续发展

BIM 模型可以对建筑物在使用寿命内的能源、水和材料的消耗情况进行分析，以评估建筑物的环保性能。设计团队可以通过模拟和分析建筑物的能源和资源使用情况，预测和优化建筑物的能源和资源消耗，从而减少能源和资源的浪费，降低建筑物的环境影响。

BIM 技术可以提供多种方案，以评估各种可持续性指标，如能源效率、水循环和废物管理等。BIM 模型可以帮助设计团队在设计阶段就进行能源和资源效率的分析，为设计师提供更多的优化建议。例如，在 BIM 模型中添加可再生能源设施，优化建筑的通风、隔热等设计，都可以提高建筑的能源效率，减少环境影响。

BIM 技术可以在设计和施工阶段就提前考虑节能减排、环保节约等可持续发展的目标。BIM 模型可以帮助设计团队在设计阶段就将可持续发展的要求融入建筑物的设计中，从而使得建筑物的设计更加环保、可持续。例如，在 BIM 模型中添加节能设备，优化建筑的能源利用率，使用环保材料等措施，都可以减少对环境的影响，提高建筑物的可持续性。

（5）增强资产管理能力

帮助资产管理者及时了解建筑物的状态、性能和需求，从而更加高效地进行维护和更新。资产管理者可以利用 BIM 模型中的信息，如设备清单、运营手册等，来规划和执行维护计划，预测设备故障和维护成本，提高建筑物的使用寿命和价值。此外，BIM 技术还可以与其他管理系统集成，如建筑设备管理系统、能源管理系统等，实现更加智能化的资产管理。综合来说，BIM 技术的强资产管理能力可以帮助资产管理者更加全面、精准地管理建筑物，提高其价值和可持续性。

（6）提升用户体验

BIM 技术可以通过可视化和交互式的模型，帮助设计团队更好地理解用户的需求和期望，例如空间需求、功能需求、舒适性需求等。BIM 模型可以通过虚拟现实技术，让用户感受到建筑物的外观、内部空间、灯光效果等，从而更好地评估建筑物的设计方案。此外，BIM 技术还可以通过智能化的设计，使建筑物更加人性化和便利化。例如，在设计医院时，BIM 模型可以模拟病人、医生和护士的活动路径，从而优化医院的空间布局，提高医疗服务的效率和舒适度。通过使用 BIM 技术，设计团队可以更加全面、精确地满足用户需求，从而提高用户体验和满意度。

1.3 BIM 技术在国内外的发展情况

BIM 作为对包括工程建设行业在内的多个行业的工作流程、工作方法的一次重大思索和变革，其雏形最早可追溯到 20 世纪 70 年代。如前文所述，查克伊斯曼博士（Chuck Eastman，Ph. D.）在 1975 年提出了 BIM 的概念；在 20 世纪 70 年代末至 80 年代初，英国也在进行类似 BIM 的研究与开发工作，当时，欧洲习惯把它被称为"产品信息模型"（Product Information Model），而美国通常称之为"建筑产品模型（Building Product Model）"。

1986 年罗伯特艾什（Robert Aish）发表的一篇论文中，第一次使用"Building Information Modeling"一词，他在这篇论文中描述了今天我们所知的 BIM 论点和实施的相关技术，并在该论文中应用 RUCAPS 建筑模型系统分析了一个案例来表达他的理念。

21 世纪前的 BIM 研究由于受到计算机硬件与软件水平的限制，仅能作为学术研究的对象，很难在工程实际应用中发挥作用。

21 世纪以后，计算机软硬件水平的迅速发展以及对建筑生命周期的深入理解，推动了 BIM 技术的不断前进。自 2002 年，BIM 这一方法和理念被提出并推广之后，BIM 技术变革风潮便在全球范围内席卷开来。

1. BIM 技术在国外的发展状况

（1）BIM 在美国的发展状况

目前，美国大多建筑项目已经开始应用 BIM，BIM 的应用点种类繁多，而且存在各种 BIM 协会，也出台了各种 BIM 标准。根据调研，工程建设行业采用 BIM 的比例从 2007 年的 28% 增长至 2009 年的 49% 直至 2012 年的 71%。其中 74% 的承包商已经在应用 BIM 技术，超过了建筑师（70%）及机电工程师（67%）。BIM 的价值在不断被认可。

关于美国 BIM 的发展，不得不提到几大 BIM 的相关机构。

1）GSA

2003 年，为了提高建筑领域的生产效率、提升建筑业信息化水平，美国总务署（General Service Administration，GSA）下属的公共建筑服务（Public Building Service）部门的首席设计师办公室（Office of the Chief Architect，OCA）推出了全国 3D-4D-BIM 计划。从 2007 年起，GSA 要求所有大型项目（招标级别）都需要应用 BIM，最低要求是空间规划验证和最终概念展示都需要提交 BIM 模型。所有 GSA 的项目都被鼓励采用 3D-4D-BIM 技术，并且根据采用这些技术的项目承包商的应用程序不同，给予不同程度的资金支持。目前 GSA 正在探讨在项目生命周期中应用 BIM 技术，包括：空间规划验证、4D 模拟，激光扫描、能耗和可持续发展模拟、安全验证等。GSA 对 BIM 的强大宣贯直接影响并提升了美国整个工程建设行业对 BIM 的应用。

2）USACE

2006 年 10 月，美国陆军工程兵团（USACE）发布了为期 15 年的 BIM 发展路线规划，为 USACE 采用和实施 BIM 技术制定战略规划，以提升规划、设计和施工质量及效率。规划中，USACE 承诺未来所有军事建筑项目都将使用 BIM 技术。2010 年，USACE 又发布了适用于军事建筑项目分别基于 Autodesk 平台和 Bentley 平台的 BIM 实施计划，并在 2011 年进行了更新。适用于民事建筑项目的 BIM 实施计划还在研究制定当中。

3）BSA

Building Smart 联盟（Building Smart Alliance，BSA）致力于 BIM 的推广与研究，使项目所有参与者在项目生命周期各阶段能共享准确的项目信息。通过 BIM 收集和共享项目信息与数据，可以有效地节约成本、减少浪费。美国 BSA 的目标是在 2020 年之前，帮助建设部门节约 31% 的浪费或者节约 4 亿美元。BSA 下属的美国国家 BIM 标准项目委员会（National Building Information Model Standard Project Committee-United States，NBIMS-US）于 2012 年 5 月，发布了第一份基于共识的 BIM 标准。

（2）BIM 在英国的发展状况

与大多数国家不同，英国政府要求强制使用 BIM。2011 年 5 月，英国内阁办公室发布了政府建设战略（Government Construction Strategy）文件，明确要求：到 2016 年，政府要求全面协同的 3D-BIM，将全部的文件以信息化管理，并制定了明确的阶段性目标。

政府要求强制使用 BIM 的文件得到了英国建筑业 BIM 标准委员会（AEC BIM Standard Committee）的支持。迄今为止，英国建筑业 BIM 标准委员会已发布了英国建筑业 BIM 标准、适用于 Revit 的英国建筑业 BIM 标准、适用于 Bentley 的英国建筑业 BIM 标准，并还在制定适用于 ArchiACD、Vectorworks 的 BIM 标准，这些标准的制定为英国的 AEC 企业从 CAD 过渡到 BIM 提供切实可行的方案和程序。

（3）BIM 在新加坡的发展状况

2011 年，BCA 发布了新加坡 BIM 发展路线规划（BCA's Building Information Modelling Roadmap），规划明确推动整个建筑业在 2015 年前广泛使用 BIM 技术。

在创造需求方面，新加坡政府部门带头在所有新建项目中明确提出 BIM 需求。2011 年，BCA 与一些政府部门合作确立了示范项目。BCA 将强制要求提交建筑 BIM 模型（2013 年起）、结构与机电 BIM 模型（2014 年起），并且最终在 2015 年前实现所有建筑面积大于 5000m² 的项目都必须提交 BIM 模型的目标。

在建立 BIM 能力与产量方面，BCA 鼓励新加坡的大学开设 BIM 课程、为毕业学生组织密集的 BIM 培训课程、为行业专业人士建立了 BIM 专业学位。

（4）BIM 在日本的发展状况

在日本，有 2009 年是日本的 BIM 元年之说。大量的日本设计公司、施工企业开始应用 BIM，而日本国土交通省也在 2010 年 3 月表示，已选择一项政府建设项目作为试点，探索 BIM 在设计可视化、信息整合方面的价值及实施流程。

2010 年，日经 BP 社调研了 517 位设计院、施工企业及相关建筑行业从业人士，了解他们对于 BIM 的认知度与应用情况。结果显示，BIM 的知晓度从 2007 年的 30% 提升至 2010 年的 76%。2008 年的调研显示，采用 BIM 的最主要原因是 BIM 绝佳的展示效果，而 2010 年人们采用 BIM 主要用于提升工作效率，仅有 7% 的业主要求施工企业应用 BIM，这也表明日本企业应用 BIM 更多是企业的自身选择与需求。日本 33% 的施工企业已经应用 BIM，在这些企业当中近 90% 是在 2009 年之前开始实施的。

日本 BIM 相关软件厂商认识到，BIM 是需要多个软件来互相配合，这是数据集成的基本前提，因此多家日本 BIM 软件商在 IAI 日本分会的支持下，以福井计算机株式会社为主导，成立了日本国国产解决方案软件联盟。此外，日本建筑学会于 2012 年 7 月发布了日本 BIM 指南，从 BIM 团队建设、BIM 数据处理、BIM 设计流程、应用 BIM 进行预算、模拟等方面为日本的设计院和施工企业应用 BIM 提供了指导。

综上，BIM 技术在国外的发展情况见表 1-3-1。

BIM 国外发展概况表　　　　　　　　　　　　　　　　　　表 1-3-1

国家	BIM 应用现状
英国	政府明确要求 2016 年前企业实现 3D-BIM 的全面协同
美国	政府自 2003 年起，实行国家级 3D-4D-BIM 计划；自 2007 年起，规定所有重要项目通过 BIM 进行空间规划
韩国	政府计划于 2016 年前实现全部公共工程的 BIM 应用
新加坡	政府成立 BIM 基金；计划于 2015 年前，超 80% 建筑业企业广泛应用 BIM
北欧各国	已经孕育 Tekla、Solibri 等主要的建筑业信息技术软件厂商
日本	建筑信息技术软件产业成立国家级国产解决方案软件联盟

2. BIM 技术在我国的发展状况

近来 BIM 在我国建筑业形成一股热潮，除了前期软件厂商的大声呼吁外，政府相关部门、各行业协会与专家、设计单位、施工企业、科研院校等也开始重视并推广 BIM。2010 年与 2011 年，中国房地产业协会商业地产专业委员会、中国建筑业协会工程建设质量管理分会、中国建筑学会工程管理研究分会、中国土木工程学会计算机应用分会组织并发布了《中国商业地产 BIM 应用研究报告（2010）》和《中国工程建设 BIM 应用研究报告 2011》。根据上述报告，关于 BIM 的知晓程度从 2010 年的 60％提升至 2011 年的 87％。2011 年，共有 39％的单位表示已经使用了 BIM 相关软件，而其中以设计单位居多。

2011 年 5 月，住房和城乡建设部发布的《2011—2015 年建筑业信息化发展纲要》中，明确指出：在施工阶段开展 BIM 技术的研究与应用，推进 BIM 技术从设计阶段向施工阶段的应用延伸，降低信息在传递过程中的衰减；研究基于 BIM 技术的 4D 项目管理信息系统在大型复杂工程施工过程中的应用，实现对建筑工程有效的可视化管理等。加快建筑信息化建设及促进建筑业技术进步和管理水平提升的指导思想，达到普及 BIM 技术概念和应用的目标，使 BIM 技术初步应用到工程项目中去，并通过住房和城乡建设部和各行业协会的引导作用来保障 BIM 技术的推广。这拉开了 BIM 在中国应用的序幕。

2012 年 1 月，住房和城乡建设部《关于印发 2012 年工程建设标准规范制订修订计划的通知》宣告了中国 BIM 标准制定工作的正式启动，其中包含五项 BIM 相关标准：《建筑信息模型应用统一标准》《建筑信息模型存储标准》《建筑信息模型分类和编码标准》《制造工业工程设计信息模型应用标准》。其中，《建筑信息模型应用统一标准》的编制采取"千人千标准"的模式，邀请行业内相关软件厂商、设计院、施工单位、科研院所等近百家单位参与标准研究项目、课题、子课题的研究。至此，工程建设行业的 BIM 热度日益高涨。

2013 年 8 月，住房和城乡建设部发布了《关于征求关于推荐 BIM 技术在建筑领域应用的指导意见（征求意见稿）意见的函》，首次提出了工程项目全生命期质量安全和工作效率的思想，并要求确保工程建设安全、优质、经济、环保，确立了近期（至 2016 年）和中长期（至 2020 年）的目标，明确指出，2016 年以前政府投资的 2 万平方米以上大型公共建筑以及申报绿色建筑项目的设计、施工采用 BIM 技术；截至 2020 年，完善 BIM 技术应用标准、实施指南，形成 BIM 技术应用标准和政策体系。

2014 年，《住房和城乡建设部关于推进建筑业发展和改革的若干意见》再次强调了 BIM 技术工程设计、施工和运行维护等全过程应用重要性。各地方政府关于 BIM 的讨论与关注更加活跃，上海、北京、广东、山东、陕西等各地区相继出台了各类具体的政策推动和指导 BIM 的应用与发展。

2015 年 6 月，住房和城乡建设部《关于推进建筑信息模型应用的指导意见》中，明确发展目标：到 2020 年末，建筑行业甲级勘察、设计单位以及特级、一级房屋建筑工程施工企业应掌握并实现 BIM 与企业管理系统和其他信息技术的一体化集成应用。并首次引入全寿命期集成应用 BIM 的项目比率，要求以国有资金投资为主的大中型建筑、申报绿色建筑的公共建筑和绿色生态示范小区的比率达到 90％，该项目标在后期成为地方政策的参照目标；保障措施方面添加了市场化应用 BIM 费用标准，搭建公共建筑构件资源数据中心及服务平台以及 BIM 应用水平考核评价机制，使得 BIM 技术的应用更加规范化，做到有据可依，不再是空泛的技术推广。

2016 年，住房和城乡建设部发布了"十三五"纲要——《2016—2020 年建筑业信息化发展纲要》，相比于"十二五"纲要，引入了"互联网＋"概念，以 BIM 技术与建筑业发展深度融合，塑造建筑业新业态为指导思想，实现企业信息化、行业监管与服务信息化、专项信息技术应用及信息化标准体系的建立，达到基于"互联网＋"的建筑业信息化水平升级。

2017 年，国家出台多项 BIM 相关政策，其中《国务院办公厅关于促进建筑业持续健康发展的意见》指出，要加快推进建筑信息模型（BIM）技术在规划、勘察、设计、施工和运营维护全过程的集成应用。同年又出台《建筑信息模型施工应用标准》等多部 BIM技术标准。

2022 年 1 月 19 日，《住房和城乡建设部关于印发"十四五"建筑业发展规划的通知》发布。2025 年，基本形成 BIM 技术框架和标准体系。2022 年 5 月 9 日，住房和城乡建设部印发了《"十四五"工程勘察设计行业发展规划》。其中提出要推动工程勘察设计行业数字转型，提升发展效能，推进 BIM 全过程应用。2022 年 6 月 30 日，住房和城乡建设部、国家发展改革委发布了《城乡建设领域碳达峰实施方案》。其中，第四部分"强化保障措施"的第十七条"构建绿色低碳转型发展模式"中提出利用建筑信息模型（BIM）技术和城市信息模型（CIM）平台等，推动数字建筑、数字孪生城市建设，加快城乡建设数字化转型。

总地来说，国家政策是一个逐步深化、细化的过程，从普及概念到工程项目全过程的深度应用再到相关标准体系的建立完善，由点到面，逐渐完成 BIM 技术应用的推广工作，硬性要求应用比率以及和其他信息技术的一体化集成应用，同时开始上升到管理层面，开发集成、协同工作系统及云平台，提出 BIM 的深层次应用价值，如与绿色建筑、装配式建筑及物联网的结合，BIM＋时代到来，使 BIM 技术得以深入到建筑业的各个方面。

3. BIM 的发展趋势

随着 BIM 技术的发展和完善，BIM 的应用还将不断扩展，BIM 将永久性地改变项目设计、施工和运维管理方式。随着传统低效的方法逐渐退出历史舞台，目前许多工作岗位、任务和职责将成为过去时。报酬应当体现价值创造，而当前采用的研究规模、酬劳、风险以及项目交付的模型应加以改变，才能适应新的变化。在这些变革中，可能发生的包括：

（1）市场的优胜劣汰将产生一批已经掌握 BIM 并能够有效提供整合解决方案的公司，它们基于以往成功经验来参与竞争，赢得新的工程。这将包括设计师、施工企业、材料制造商、供应商、预制件制造商以及专业顾问。

（2）专业的认证将有助于把真正有资格的 BIM 从业人员从那些对 BIM 一知半解的人当中区分开来。教育机构将把协作建模融入其核心课程，以满足行业对 BIM 人才的需求。同时，企业内部和外部的培训项目也将进一步普及。

（3）尽管当前 BIM 应用主要集中在建筑行业，具备创新意识的公司正将其应用于土木工程的项目中。同时，随着 BIM 应用带给各类项目的益处逐渐得到广泛认可，其应用范围将继续快速扩展。

（4）业主将期待更早地了解成本、进度计划以及质量。这将促进生产商、供应商、预制件制造商和专业承包商尽早使用 BIM 技术。

（5）新的承包方式将出现，以支持一体化项目交付（基于相互尊重和信任、互惠互利、协同决策以及有限争议解决方案的原则）。

（6）BIM 应用将有力地促进建筑工业化发展。建模将使得更大和更复杂的建筑项目预制件成为可能。更低的劳动力成本，更安全的工作环境，减少原材料需求以及坚持一贯的质量，这些将为该趋势的发展带来强大的推动力，使其具备经济性、充足的劳力以及可持续性激励。项目重心将由劳动密集型向技术密集型转移，生产商将采用灵活的生产流程，提升产品定制化水平。

（7）随着更加完备的建筑信息模型融入现有业务，一种全新内置式高性能数据仪在不久即可用于建筑系统及产品。这将形成一个对设计方案和产品选择产生直接影响的反馈机制。通过监测建筑物的性能与可持续目标是否相符，以促进帮助绿色设计及绿色建筑全寿命期的实现。

建筑更"绿"更"聪明"

在 2022 年举行的中国国际服务贸易交易会上，观众在展览中发现，用机器人对着墙体扫描，建立数字模型，手持移动设备就能够实时查看立体影像，墙体内部的一条条钢筋、管线宛如一幅纵横交错的经脉图呈现于眼前。身临其境的数字智能建造体验，吸引了很多观众驻足观看。

这是中国建筑一局（集团）有限公司自主研发的施工管理"X-MEN"机器人，工程师提前将建筑三维模型传输到机器人系统中，机器人通过激光雷达建图定位系统，在围绕建筑行进时同步记录距离和方位的坐标点，实时生成建筑立体影像，辅助检查施工质量、校准机电管线位置等。如果需要对房屋结构进行改造，只需要让机器人走一圈，就可以像开了透视眼一样看到墙体内部的构造，施工时完美避开内部的钢筋或者水电线路，真正实现建筑数字化管理。

机器人作为先进智能技术，越来越多地应用在建筑施工中。这是我国建筑业不断实现创新驱动发展的缩影。以技术创新引领产业转型升级，我国建筑业产业链现代化水平不断提高。基建、冶金、煤炭、石油、化工、水电、水利、机械等建筑行业布局逐渐完备；建造流程逐渐向上游勘探设计和下游工程监理拓展；城市信息模型（CIM）、建筑信息模型（BIM）、大数据、智能化、移动通信、云计算、物联网等信息技术集成应用能力不断提升。

一批重大建筑技术实现突破，具有世界顶尖水准的工程项目接连落成，部分领域施工技术达到世界领先水平，如标志着中国工程"速度"的高铁工程，标志着中国工程"跨度"的以港珠澳大桥为代表的中国桥梁工程，代表着中国工程"高度"的上海中心大厦，以及代表着中国工程"难度"的自主研发三代核电技术"华龙一号"全球首堆示范工程等。高速、高寒、高原、重载铁路施工和特大桥隧建造技术迈入世界先进行列，离岸深水港建设关键技术、巨型河口航道整治技术、长河段航道系统治理以及大型机场工程等建设技术达到世界领先水平。

小 结

　　本章简单介绍了 BIM（建筑信息模型）的概念、起源与优势；BIM 技术的特点和作用及 BIM 技术在国内外的发展情况。通过对本章知识的学习，学员可以了解到 BIM 技术对于建筑行业的数字化转型具有重要意义，在国际上已经得到了广泛应用，并且在国内也已经逐渐普及。BIM 技术可以实现建筑设计、施工和运营全过程的信息集成和协同，提高效率、质量和可持续性，降低成本和风险，增强协作和沟通，提高设计质量和安全性，以及提高项目完成的效率和质量，减少沟通和协调上的障碍，增强团队之间的协作和沟通能力，未来将会在建筑设计、施工和运营管理等各个领域中得到更加广泛的应用。

学习反思

2 BIM 应用软件体系

1. 了解：BIM 应用软件的概念；从 20 世纪 50 年代（起点）至今 BIM 软件的发展状况。

2. 了解：BIM 应用软件的分类方式；BIM 应用软件在行业内的分类方式。

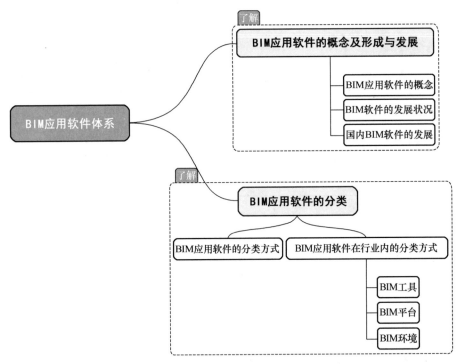

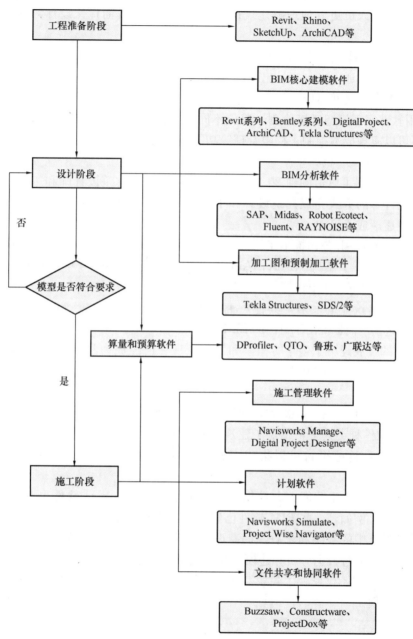

2.1 BIM 应用软件的概念及形成与发展

1. BIM 应用软件的概念

BIM 应用软件是指专门用于支持 BIM 技术的应用程序，可以帮助建筑、工程和建造行业的专业人士实现数字化建模、协作和管理。BIM 应用软件不仅仅是一个 3D 建模工具，它还包含多种功能，如项目管理、资料管理、协同设计和协作等。

　　BIM 应用软件的概念与传统的 CAD 软件不同，它不仅仅是一个图形绘制工具，而是提供了更高级别的功能，如物理建模、规划分析、结构分析和成本估算等。这些高级功能可以帮助建筑专业人员更好地理解建筑设计的方方面面，进而优化设计方案，提高设计质量。

　　此外，BIM 应用软件还具有协作和管理功能。在传统的建筑设计过程中，各专业之间缺乏协同，信息沟通不畅，容易出现误解和错误。而 BIM 应用软件提供了多种协作和管理工具，使各专业之间可以更加高效地协同工作，实现信息共享和沟通。例如，可以通过 BIM 应用软件实现模型碰撞检测，避免不同专业在设计过程中出现冲突。此外，BIM 应用软件还可以实现成本控制、权限管理等功能，有助于提高项目管理的效率和可靠性。

2. BIM 软件的发展状况

　　BIM 技术的发展可以追溯到 20 世纪 50 年代，当时的建筑设计师和工程师们通过手绘图纸和手动计算的方式完成建筑设计和工程计算。随着计算机技术的不断发展，BIM 软件的研发也逐渐成为可能。

　　1987 年，Autodesk 公司推出了第一个专业的建筑信息模型软件 AutoCAD R12，为 BIM 技术的发展打下了基础。之后，Autodesk 公司不断推出更为专业的 BIM 软件，如 AutoCAD Architecture、Revit 等。

　　同时，随着建筑业的发展，其他厂商也开始涌现，如 Graphisoft、Bentley、Dassault Systemes 等。这些厂商也推出了自己的 BIM 软件，如 ArchiCAD、MicroStation、Catia 等。

　　BIM 软件的发展经历了多年的积累和发展，现在已经成为建筑设计、施工、运营等领域的核心工具。在过去的几十年中，BIM 软件不断地升级和改进，其功能和性能也得到了大幅提升。

　　随着 BIM 技术的应用不断扩大，BIM 软件也越来越受到市场的欢迎和认可。目前，市场上的 BIM 软件种类繁多，覆盖了建筑、土木工程、水利工程等领域。同时，也出现了一些 BIM 平台，这些平台可以集成多种 BIM 软件和工具，提供全面的解决方案和服务。

　　除此之外，随着人工智能、大数据等技术的快速发展，BIM 软件也开始向智能化、数字化方向发展。例如，一些 BIM 软件已经开始应用机器学习、深度学习等技术，可以自动识别建筑设计中的错误和矛盾，提高设计效率和质量。同时，BIM 软件也可以集成大量的建筑数据，通过数据分析和建模，为建筑设计和运营提供更多的决策支持。

　　BIM 软件的发展不仅反映了建筑和工程领域的进步，也推动了建筑和工程行业的数字化和智能化发展。

雷神山医院、火神山医院的中国速度背后 BIM 技术功不可没

　　在 2020 年春节来临之际，一场突如其来的新冠肺炎疫情打破了节日的祥和。武汉、湖北、全国各省区市先后公布进入突发公共卫生事件一级响应状态，每日确诊和疑似病例持续上升，武汉市受到冲击尤为严重。

在此紧急状态下，党中央紧急决定，调动一切力量，建设一座如当年"小汤山"一样的医院来收治新冠肺炎患者。雷神山医院、火神山医院应运而生，向世人充分展示了中国力量和中国速度！

中国力量和中国速度的背后，BIM 技术的应用功不可没，BIM 人才的技术支持如同雪中送炭。

BIM 技术的三大功能优势确保了中国速度！BIM 的协同管理功能提高了设计和施工的协同效率，确保了如期完成任务；BIM 的仿真模拟和方案比选功能安排好了各单元的场地布置，协调好了分散的工作面，统筹好了各项繁杂工序，尤其是在结合医院建设的特点上，进行了采光、通风、噪声、管线布置等优化，确保了工程质量，做好了绿色施工；BIM 的参数化设计功能，可视化交底充分发挥了 BIM＋装配式建筑的速度优势，数字化设计、预制化生产、装配式施工、智能化运维，BIM 技术贯穿了雷神山医院、火神山医院建设的全过程。

3. 国内 BIM 软件的发展

进入 21 世纪，随着数字化建造和智能建筑在国内的发展，BIM 技术也逐渐得到了广泛应用。近年来，我国本土的 BIM 软件厂商也逐渐崭露头角。

如北京构力科技有限公司开发的 BIMBase 平台就是完全自主知识产权的国产 BIM 基础平台。福建晨曦公司致力于 BIM 软件的研发和创新，目前已经推出了多款 BIM 软件产品，包括晨曦 BIM 设计软件、晨曦 BIM 智能施工软件、晨曦 BIM 建筑信息管理软件等。这些软件涵盖了建筑、结构、机电等多个领域，可以实现从建筑设计到施工管理等全过程的数字化转型和协同。

此外，还有众多像鲁班、广联达等优秀的 BIM 算量和预算软件在建筑行业广泛使用，这也意味着我国本土的 BIM 软件在市场环境下通过不断提升自身的技术水平和功能，发挥自身的特点和优势，为我国的建筑行业带来了更多的选择和便利。

在我国政府对数字化建造和智能建筑的支持下，BIM 技术在我国的发展前景非常广阔。随着越来越多的建筑专业人士和企业意识到 BIM 技术的重要性，BIM 软件的需求也在不断地增长。BIM 技术的应用已经不仅限于建筑领域，还涉及其他领域，如道路、桥梁、水利、景观设计等。BIM 软件不仅可以提高设计效率，还可以提高工程的质量和安全性，同时也能够降低工程的成本和风险。在未来，随着数字化建造和智能建筑的快速发展，BIM 技术的应用将会更加广泛，BIM 软件也将会更加智能化、便捷化，为建筑行业的数字化转型和升级提供更加全面和有效的支持。

2.2　BIM 应用软件的分类

BIM 应用软件是一种基于 Building Information Modeling（建筑信息模型）技术的应用软件，用于管理建筑工程项目的信息。它可以支持项目各个阶段的数字化设计、施工、维护等工作。

1. BIM 应用软件的分类方式

BIM 涉及工程建设的不同应用方、不同专业以及项目的不同阶段，因此一个项目中 BIM 技术的实施用到的 BIM 软件会达到十几至数十个之多，大的设计公司常常提供 10～50 个不同 BIM 应用程序供员工使用。

BIM 软件按应用阶段及功能大致可分为八大类：

（1）概念设计和可行性研究，如 Revit、Rhino、SketchUp、ArchiCAD 等。

（2）BIM 核心建模软件，包括建筑、结构及 MEP 建模软件，如 Revit 系列、Bentley 系列、DigitalProject、ArchiCAD、Tekla Structures 等。

（3）BIM 分析软件，包括结构、能量、声学、机电等分析，如 SAP、Midas、Robot Ecotect、Fluent、RAYNOISE 等。

（4）加工图和预制加工软件，如 Tekla Structures、SDS/2 等。

（5）施工管理软件，如 Navisworks Manage、Digital Project Designer 等。

（6）算量和预算软件，如 DProfiler、QTO、鲁班、广联达等。

（7）计划软件，如 Navisworks Simulate、Project Wise Navigator 等。

（8）文件共享和协同软件，如 Buzzsaw、Constructware、ProjectDox 等。

2. BIM 应用软件在行业内的分类方式

这些 BIM 软件按信息的流动关系大致又可以分为以下三个层次：

（1）BIM 工具：执行具体任务的应用程序。即上述分类的除第 2 和 8 类以外的软件。它们可执行的具体任务如：建模、制图、成本估算、碰撞检测、能量分析、渲染、进度安排、可视化。这些工具的输出结果往往是独立的，如报告，图纸等。也有的工具输出结果用于输入到其他工具，如用于成本估算的材料算量、用于节点设计的结构分析。

（2）BIM 平台：通常用于设计的应用程序，支持生成多种用途的数据。即上述分类的 BIM 核心建模软件。它提供了一个主要的数据模型，这种数据模型作为一个平台承载了相关信息。

多数的 BIM 平台整合了一些 BIM 工具的功能，如制图、碰撞检测。它们通常还提供许多其他工具的数据接口，一些还与其他应用共享用户界面和交互方式。例如 Digital Project 将结构、曲面造型和管线设计工具共建在一个工作台下。

（3）BIM 环境：将各个 BIM 工具和平台的信息进行数据管理的程序。即上述的文件共享和协同软件 BIM 环境并没有被概念化，往往根据公司的需要以各自的方式进行组建。它的最主要的用途就是自动化生成和管理各 BIM 工具的数据集。此外，当使用了多个 BIM 平台时，即有多个数据模型，就需要另一层次的数据管理和协调。这就需要在人员和平台间建立数据的跟踪和协调。在对项目的管理中，BIM 环境不再拘泥于一种模型数据格式，可以使用视频、图像、音频记录、电子邮件等。BIM 平台下并不能对这些不同种类的信息进行管理。另外，BIM 环境还可以将相关信息与支持的其他应用程序相连接，例如用于企业管理和会计核算系统。

 小　结

本章介绍了 BIM 应用软件的概念及形成与发展的基本知识，通过对本章知识的学习，

学员能够了解到 BIM 软件具备多种协作和管理功能，正在向智能化、数字化方向发展。

3 项 目 创 建

1. 了解：BIM 建模工作的流程；
2. 了解：各专业过滤器的设置；
3. 熟悉：样板文件的作用；项目单位的设置；标高与轴网的创建；项目基点的设置；常用文件的导入与定位。

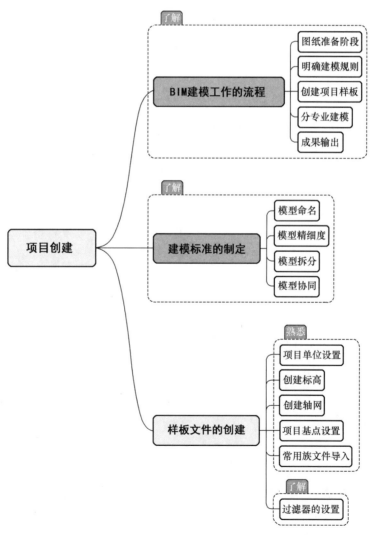

工作流程

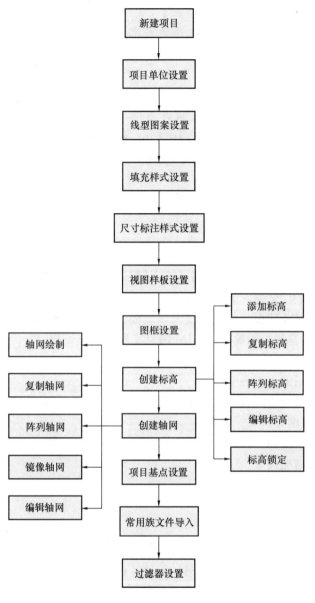

3.1　工作流程的简介

　　美国 Building SMART 联盟主席 Dana K. Smith 先生曾经有这样一个论断："依靠一个软件解决所有问题的时代已经一去不复返了"。同样，依靠一个人、一支团队撑起全流程管理主框架的时代也已经时过境迁。在 BIM 技术的推行过程中，"协同"的价值体现于工作的各个环节。

马栏山湖南创意设计总部大厦：混凝土高层装配式建筑示范

湖南省马栏山创意中心总部大厦是装配式建筑、绿色建筑、智慧建筑、BIM 技术应用的"集大成者"。项目通过 BIM 技术"一模到底"，从三维模型角度优化建筑设计，到装配式建筑快速"智"造，从而实现快速投产运营。整个项目的装配率达到了 75% 以上，不仅绿色环保，工程质量也更为可靠。通过 BIM 技术建立建筑的信息化模型，在电脑中对建筑设计图进行拆分，再在工厂进行组装。项目在 2019 年 9 月动工，不到两年时间近 10 万 m² 的 3 栋建筑就建成了。

BIM 技术应用提高了城市规划、建筑设计、施工、运维等整个生命周期的信息对称性、统一性和指导性，解决了工程业主、施工、监理、审图机构等工程合作方对施工资料的需求，也避免了因 BIM 逆向设计带来的工作重复、工程效率低下、人力物力耗费大等问题。

从接到整套建筑项目图纸开始，到最终交付 BIM 成果，其中涉及的 BIM 建模工作极为复杂，通常都需要多专业、多名建模人员协同工作，才能最终得到满足交付要求的 BIM 模型。为了使 BIM 建模工作顺利展开，需要一整套科学合理的标准化的 BIM 项目工作流程。本节主要内容就是明确一般 BIM 项目实施的工作流程：

（1）图纸准备阶段

1）确认各专业图纸是否齐全。

2）确认图纸是否为业主确认的版本。

（2）明确建模规则

1）明确模型命名规则。

2）明确建模的精细程度。

3）明确拆分规则。

4）明确协同规则。

（3）创建项目样板

1）创建各专业项目样板（建筑、结构、设备）。

2）在各项目样板中创建标高、轴网、项目基点、项目视图。

（4）分专业建模

1）按照专业、模型、工程量等方式划分责任区域并建模。

2）模型校审。

（5）成果输出

1）各专业 BIM 模型。

2）CAD 图纸。

3）关键视点、渲染图、动画。

3.2 建模标准的制定

由于整个 BIM 建模工作需要多专业、多方人员进行参与，除了要明确 BIM 建模工作流程，还需要有统一的建模规则，否则对后期模型 BIM 应用的难度会进一步加大。通常团队或企业均会对自己的项目制订相应的建模标准，从而提升团队或企业的 BIM 应用水平。

BIM 建模标准通常分为 BIM 模型创建的通用原则和基础标准，由于企业类型及其所涉及的建筑类型不同，如公共建筑、居住建筑、工业建筑和基础设施等，因此建模所涉及的构件及原则也不尽相同。故多数企业在制订 BIM 建模标准时，在符合国家现行有关标准、规定的同时，会对其 BIM 建模标准做更深一步的规定，由于某些项目的特殊性，有些仅适用于该项目，有的则会成为企业级的建模标准。因此，BIM 建模标准应由项目自身的应用需求为出发点，在符合国家的标准、规定的前提下制订。

BIM 建模标准一般分为模型命名、模型精细度、模型拆分及模型协同 4 个部分。

1. 模型命名

模型文件分为工作模型与整合模型两类：工作模型指包含设计人员所输入信息的模型文件，通常一个工作模型仅包含项目的部分专业及信息；整合模型指根据一定规则将多个工作模型加以整合所呈现的成果模型或浏览模型。

（1）工作模型文件命名规则

[项目名称]－[区域]－[专业代码]－[定位楼层]－[版本]－[版本修改编号]

其中：

[项目名称]：工程项目名称拼音首字母（大写）；

[区域]：区域拼音首字母（大写）；

[专业代码]：建筑—A，结构—S，水—P，暖—M，电—E；

[定位楼层]：地上 F1、F2……，地下 B1、B2……；

[版本]：A—Z；

[版本修改编号]：001、002……。

（2）整合模型文件命名规则

[项目名称]－[版本]－[版本修改编号]

其中：

[项目名称]：工程项目名称拼音首字母（大写）；

[版本]：V1.0、V2.0；

[版本修改编号]：001、002……。

（3）构件命名规则

[区域]－[定位楼层]－[构件编号]－[材质类型]－[几何尺寸]

此处需注意，针对不同项目，构件命名规则不完全一致。通常依照对模型的应用需求来决定需进行命名的构件类型。

2. 模型精细度

根据《建筑信息模型设计交付标准》GB/T 51301—2018，建筑信息模型应由模型单元组成，模型单元分级包含 4 个级别：

（1）项目级模型单元：承载项目、了项目或局部建筑信息。

（2）功能级模型单元：承载完整功能的模块或空间信息。

（3）构件级模型单元：承载单一的构配件产品信息。

（4）零件级模型单元：承载从属于构配件或产品的组成零件或安装零件信息。

建筑信息模型包含的最小模型单元应由模型精细度等级衡量。实际项目中根据项目进行的阶段不同，所需的模型精细度也不尽相同，具体 LOD 精细度等级可查阅相关国标。

3. 模型拆分

对于较大体量的项目来说，整个项目所包含的 BIM 数据量庞大，在建立 BIM 模型时很难通过一个模型文件包含所有专业模型。因此一般情况下 BIM 项目模型通常会分专业建模，例如建筑专业建模、结构专业建模、建筑设备专业建模，根据模型应用需求不同，也会有钢结构专业建模、幕墙专业建模、精装修专业建模等，在实际过程中，体量较小的项目也会将建筑专业建模与结构专业建模合并为土建专业建模。受计算机软、硬件水平的影响，分专业模型会再次拆分，以满足项目的整体进度。

（1）模型拆分的目的

模型拆分是为了方便多用户同时开展工作，提高大型项目的操作效率，实现不同专业间的协作。

（2）模型拆分的原则

按单项工程拆分：项目拆分为多个单项工程。

按单位工程拆分：单项工程拆分为多个单位工程。

按沉降缝拆分：根据结构沉降缝拆分为不同区域模型。

按专业分类拆分：项目模型按照专业进行拆分。

按水平、垂直方向拆分：专业内垂直划分应以结构完成面为界，按照自然层、标准层拆分，（不宜按楼层拆分的专业除外，如景观、幕墙等）；楼梯、管道竖井可按照竖向拆分；对于构件单体较大时，应考虑单独创建。

按功能要求拆分：可根据特定工作需要拆分模型，如幕墙、机电管线综合中 DN50 以下的喷淋管道及末端点位或机房设备等，可单独建立模型文件。按模型文件大小拆分：应充分考虑计算机硬件性能，单一模型文件最大不宜超过 200M，以避免后续多个模型文件操作时硬件设备运行缓慢（特殊情况下应以满足建模要求为准）。模型拆分时采用的方法，应尽量考虑所有相关 BIM 应用的需求。

4. 模型协同

BIM 设计过程中，项目所涉及的专业内部及专业间的协同始终伴随整个设计过程，以保障 BIM 模型所携带信息的一致性及有效性。根据项目规模及复杂情况，选取合适的模型搭建方式。在 Revit 软件中，同一模型内部协同方式宜采用工作集；不同模型间的协同方式宜采用模型链接。

（1）工作集

通过"工作集"机制，多个用户可以通过一个"中心文件"模型和多个同步的"本地文件"模型副本来同时搭建一个模型文件。由于采用中心模型，不同用户均在本地模型操作属于自己权限的构件，然后与中心文件同步更新，这种更新是双向的，每个用户都能即时看到其他用户对模型文件的编辑情况，从而减少沟通障碍，提高工作效率。以这种方式进行协同时，项目负责人应根据项目模型的参与者建立适当的工作集，尽量细分充分，避免工作过程中发生冲突，更应合理安排权限，避免对模型过度控制和错误控制，这也是"工作集"机制的不足之处。

（2）模型链接

通过"模型链接"方式，用户可以在模型中引用更多的几何图形和数据作为外部参照。链接的模型数据不受来源的限制，可以是项目的其他部分，也可以是来自其他团队或外部公司的数据。由于链接方式更像是一种"插入"模式，并不存在图元借用和中心模型的概念，通常不存在跨专业修改，更多的是相互参照，该方式可以在协同的基础上将专业间的干扰降至最低。与"工作集"机制相比较，"模型链接"方式需要协作用户之间制订更详细的建模计划，以及建模过程中更频繁的沟通。模型链接可以采用附着型和覆盖型两种方式，覆盖型链接方式可以防止产生循环嵌套，且不影响文件大小；模型采用相对路径，保证模型文件能够在不同的设备上使用。

3.3 样板文件的创建

Revit 中内置了不同规程的样板（图 3-3-1），但由于国内外设计标准不同、建筑物所属领域不同、设计院设计标准不一和 BIM 建模的参与单位不同，会造成每个项目建模的差异性较大。因此 BIM 建模单位在积累一些 BIM 项目实践经验后，应该定制合适自身使用的项目样板。

通常项目样板需要提前进行预设的有：项目单位、线型图案、填充样式、尺寸标注样式、视图样

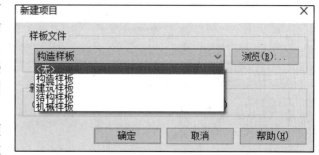

图 3-3-1　新建项目

板、图框、标高轴网、项目基点、常用族和过滤器等。由于篇幅限制，此处选择较为常见的项目进行讲解。

（1）项目单位设置

在建模开始时，需要对项目单位进行设置，以方便模型的创建和确保模型的准确度（图 3-3-2）。

（2）创建标高

在项目浏览器中双击某个立面，进入立面视图，创建标高线；也可在立面视图中插入含有标高信息的 CAD 图纸，通过拾取方式创建标高线。

1）添加标高

在功能区"建筑"或"结构"选项卡末端附近选择"标高"命令，在弹出的上下文选项卡中选择"直线"绘制方式，将鼠标移动至绘图区，点击左键选择标高线起点，移动鼠标至终点后再次点击左键完成绘制（图 3-3-3）。

刚绘制的标高线都会参照已有的一个标高线显示间距，点击标注的数值可以对其进行

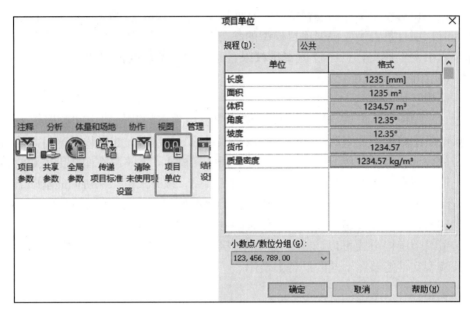

图 3-3-2　设置项目单位

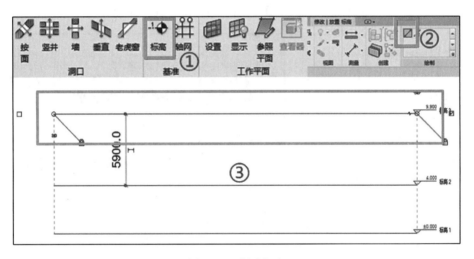

图 3-3-3　创建标高

修改，也可以点击标注的标高数值对其进行修改，此处需注意前者输入的数值是以毫米为单位，而后者是默认以米为单位的。

在工具栏的"修改｜放置标高"选项栏中，"创建平面视图"为默认勾选，该选项表示标高创建完成后，系统将自动生成与之对应的天花板平面、楼层平面、结构平面视图，并在项目浏览器中体现。单击"创建平面视图"后的"平面视图类型"，可选择需要创建的视图类型（图 3-3-4）。

2）复制标高

选择某一标高线，在弹出的上下文选项卡"修改｜标高"中选择复制，并在选项栏中勾选"约束"和"多个"复选框。此操作可确保复制的标高线与选中标高线保持正交对

图 3-3-4 创建视图类型

齐，且可连续执行多次操作（图 3-3-5）。

图 3-3-5 复制标高

3）阵列标高

当项目所需标高线过多且标高之间距离相等时，可使用"阵列"命令快速绘制标高。

选择某一标高线，在弹出的上下文选项卡"修改 | 标高"中选择阵列，并在选项栏中选择"第二个"和"约束"；取消"成组并关联"，否则阵列后的标高线将自动成组，需通过编辑组才可调整标高线标头位置、标高高度等属性参数（图 3-3-6）。

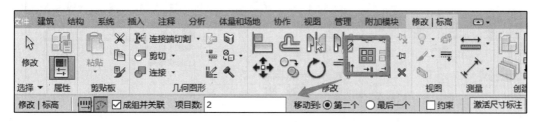

图 3-3-6 阵列标高

注意：通过复制和阵列命令生成的标高线，不会自动生成与之对应的楼层平面，需在"视图"选项卡中"平面视图"下拉菜单中的"楼层平面"对话框中自行添加。

4）编辑标高

选择标高线，会出现临时尺寸、控制符号等。单击临时尺寸数字或标头数字，可完成对间隔的修改。标头"隐藏/显示"，控制标头符号的关闭与显示。单击"添加弯头"的折线符号，可偏移标头，用于标高间距过小时的图面内容调整。单击蓝圈"拖动点"，可调整标头位置。对名称和样式的修改则可通过编辑标高标头族文件来实现，也可在属性栏完成相关操作。单击已绘制的标高线，在属性对话框中可修改标高名称、高度。其中对于标高名称的修改可在随后的对话框中确认是否重命名相应视图。选择"是"，则所有与之相关的视图同步更新名称。此外，点击标高线属性栏中的"编辑类型"可完成对标高线线宽、颜色、线型、符号等参数的修改（图 3-3-7、图 3-3-8）。

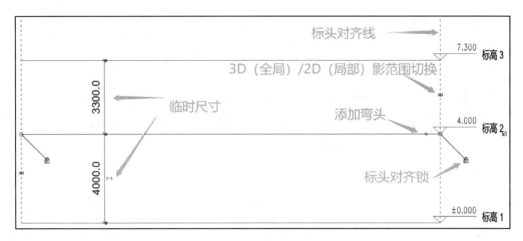

图 3-3-7　编辑标高属性

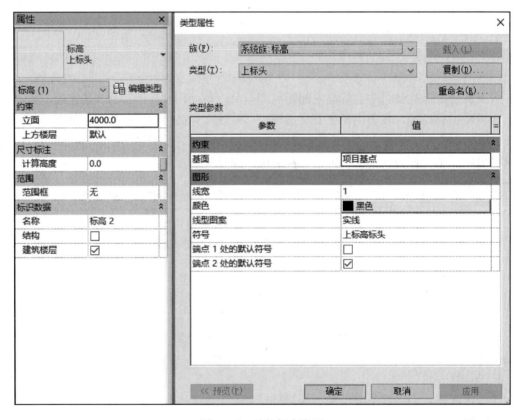

图 3-3-8　编辑标高类型

5）标高锁定

标高绘制完成后，选中全部标高线，在"修改｜标高"中选择"锁定"，确保标高线不会因误操作发生偏离（图 3-3-9）。

（3）创建轴网

轴网是构件水平定位的重要依据，也是现场施工时最基本的定位数据。编号相同的轴线所代表的位置信息是相同的，不同层之间同名轴线可能因为构件的布置情况不同从而显示长度上有差异。轴网与上节介绍的"标高"共同组成建筑的三维定位系统。

图 3-3-9 标高锁定

1）轴网绘制

在项目浏览器中，选择需要的平面视图，双击名称进入该视图。在功能区"建筑"或"结构"选项卡末端附近选择"轴网"命令，在弹出的上下文选项卡中选择"直线"绘制方式，将鼠标移动至绘图区，点击左键选择轴网线起点，移动鼠标至终点后再次点击左键完成绘制（图 3-3-10）。

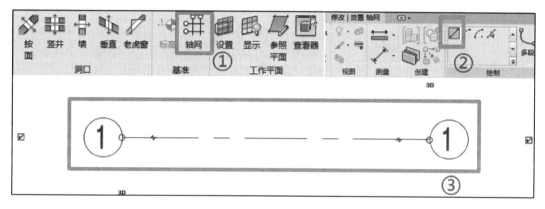

图 3-3-10 轴网绘制

通过拾取链接 CAD 文件上的线创建轴网：

在"项目浏览器"中选择一个楼层，进入该楼层平面。选择［插入］—［链接 CAD］。在其后弹出的"链接 CAD 格式"对话框中将"导入单位"切换至"毫米""定位"方式选定为"自动—原点到原点"，单击［打开］完成链接。

注意：此处亦可选择"导入 CAD"。

选择［轴网］—［绘制］—［拾取线］。设定好轴网样式，依次点击拾取 CAD 图中的轴线，生成模型文件中的轴网。

注意：绘制第一根纵轴、横轴时须注意修改轴线编号，后续编号将自动排序。轴号 I、O、Z 容易和 1、0、2 混淆，通常不使用。而 Revit 软件不能自动排除这些轴线号，需手动修改。

2）复制、阵列、镜像轴网

若项目并非采用自 CAD 拾取线生成轴网的方式，则需自行绘制轴网。此时，将会用到复制、阵列、镜像等命令。

选择轴线，单击"复制""阵列""镜像"，快速生成轴线，轴号自动排序（同"标高"绘制操作相同）。对轴线执行"阵列"命令时，须注意取消勾选"成组并关联"，以便于后期调整。

3）编辑轴网

　　选择轴网，图面将出现临时尺寸标注。单击尺寸标注上的数字可修改轴间距。勾选或取消勾选"隐藏/显示标头"可以控制轴号的显示与隐藏。如需调整所有轴号的表现形式，可选择全部轴线，进入"属性"—"类型属性"，在弹出"类型属性"对话框中修改"平面视图轴号端点"的表现形式（图 3-3-11）。

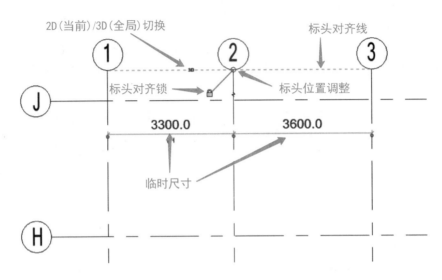

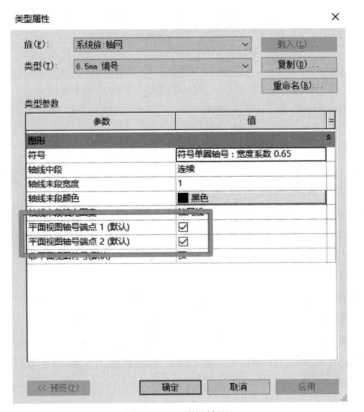

图 3-3-11　编辑轴网

在类型属性中还可设置"轴线中段"的显示样式、轴线末端宽度与填充图案。对"非平面视图轴号"显示方式的切换，可控制立面、剖面等视图的轴号显示状态、位置。单击添加弯头的折线，可拖动轴号位置，该功能可用于轴间距过小、轴号标记重叠时的图面调整，以确保出图效果。

当轴线显示标头对齐锁时，表示该轴线已与其他轴线对齐，此时拖动标头位置调整多轴线同步移动。若需单独调整，则打开标头对齐锁，再进行拖动。

轴线状态呈现"3D"标志时，所做修改在其他平面视图中同步联动。单击切换为"2D"后，拖动轴线标头只改变当前视图的端点位置，在其余视图仍维持原状。也可通过"基准"中的"影响范围"命令达到类似效果，与之不同的是，"影响范围"可以精确到每一个视图。

（4）项目基点设置

为了保证模型能够实现便捷的协同，在保证标高、轴网一致后，还需保证各专业模型中项目基点的位置完全一致。

项目基点各项数值均默认为0。可以选择将建筑物平面的左下角（即①轴与Ⓐ轴的交点）与项目基点重合。

可通过移动轴网直接将①轴与Ⓐ轴交点直接放置在项目基点上，也可通过移动项目基点至①轴与Ⓐ轴交点。使用第二种方法时，如果直接移动项目基点，会使项目基点的平面坐标值发生改变，如需项目基点各项数值仍为0，应进行以下操作：

项目基点在除"场地"之外的其他平面视图中默认为隐藏状态，首先在视图控制栏中打开"显示隐藏图元"，或者在当前视图属性下打开"可见性｜图形替换"（默认快捷键为"VV"）中的"场地"选项并勾选"项目基点"及"测量点"（图3-3-12）。

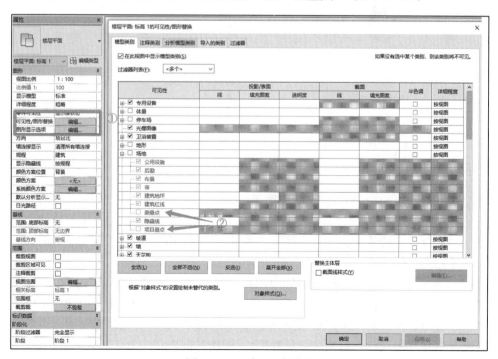

图3-3-12　项目基点设置

设置完毕后点击"确定"按钮，可在视图中看到项目基点与测量点正确显示，如图 3-3-13（为了方便展示，故将默认重合的两点分开）所示。

图 3-3-13　项目基点与测量点

接下来选择"项目基点"，点击旁边的"修改点的剪裁状态"，使其处于关闭状态（图 3-3-14）。

将"项目基点"移动至①轴与Ⓐ轴的交点，此时可看到"项目基点"中"北/南""东/西"的坐标发生了变化，不再是之前默认的 0，这是因为"测量点"的位置并未改变（图 3-3-15）。

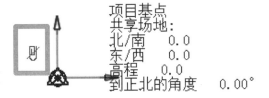

图 3-3-14　关闭项目基点的剪裁状态

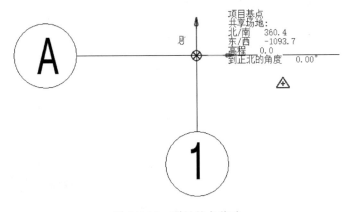

图 3-3-15　项目基点移动

最后将"修改点的剪裁状态"重新激活，并修改"项目基点"中"北/南""东/西"的坐标为 0，这样"测量点"会与"项目基点"再次重合，都位于①轴与Ⓐ轴的交点。也可在激活"修改点的剪裁状态"下直接将"测量点"移动至①轴与Ⓐ轴交点（图 3-3-16）。

（5）常用族文件导入

"族"（family）文件是 Revit 软件中的参数化构件，也是其基础与核心。创建一个"项目"的过程就是将所需"族"（即建筑构件模型）进行定位的过程。在 Revit 中，用户无需了解编程语言或代码，可通过系统预定义的各种族样板，直接对模型形体或参数进行约束及定义（如几何尺寸、材质、可见性等），便能够创建相应的参数化构件。

"族"在 Revit 中广泛存在，除去建组构件外，项目中的标高、轴网、尺寸标注、图

纸、图例符号、视图符号等图元也都
是族文件。这些含有构件信息参数的
数据图元，不仅完善着整个建筑的信
息，更有助于用户对独立的建筑构件
本身及项目进行修改。

Revit 的族分为三类：

第一种为系统族，作为软件自带
的族，具有完善的参数体系和一定程
度的可编辑性，可在用户所创建的不
同项目中使用，例如墙、楼板、屋顶
等建筑构件和标高、轴网、尺寸等注
释图元。

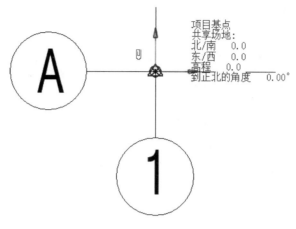

图 3-3-16　激活项目基点的剪裁状态

第二种为标准构件族，通过单独的族样板创建，具有很高的可编辑性，其中所需参数
均由用户自行设置，标准构件族既可以是建筑构件也可以是注释图元，与系统族相同，标
准构件族也可在不同项目中使用。

第三种为内建族，是用户根据项目需求，在当前项目中创建的族，仅供当前项目使
用，不可用于其他项目。

为了统一建模标准，减少项目中使用族文件的不统一，避免无意义的重复工作量，通
常会在项目样板文件中将项目需要用到的族文件统一载入，方便各建模人员使用。

族文件可通过功能区选项卡"插入"中的"载入族"载入项目中。

（6）过滤器的设置

由于建筑项目是由多个专业配合完成，模型系统较多，使得模型构件分类也多，所以
在设置专业样板时，需通过滤器，将不同专业和模型系统赋予不同颜色，有利于直观快速
识别模型，更可方便项目各参与方协同工作。

注意：建筑设备各专业各系统的配色建议遵循设计图纸中的配色，统一的配色便于
BIM 建模工作的推进。

通过当前视图属性栏，选择"可见性｜图形替换"，也可通过快捷键"VV"，打开
"可见性｜图形"替换对话框，选择"过滤器｜选项卡"，通过下方的"编辑｜新建"按钮
来创建所需的过滤器规则（图 3-3-17）。

在弹出的对话框中选择"新建"过滤器，在"类别"菜单中选择要过滤的相应类别，
在"过滤规则"中设置过滤条件，设置完成后点击"确定"关闭对话框。以设置轴网过滤
器为例，如图 3-3-18 所示。

在"可见性｜图形替换"对话框中选择"添加"，然后选择刚才新建的"轴网"过滤
器，点击"确定"完成（图 3-3-19）。

将轴网颜色设置红色即可（图 3-3-20）。

过滤器除了可以在项目中赋予构件不同颜色以识别模型，也可以调整模型的填充图
案，还可设置模型的可见性等功能，更多使用场景需读者根据需求自行应用。

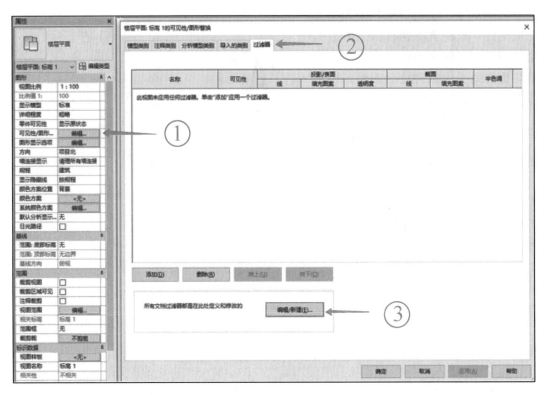

图 3-3-17 过滤器 "选项卡

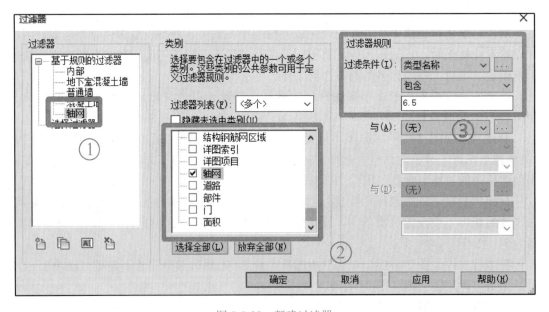

图 3-3-18 新建过滤器

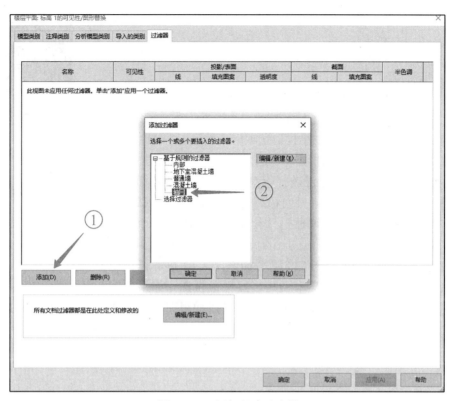

图 3-3-19　添加新建过滤器

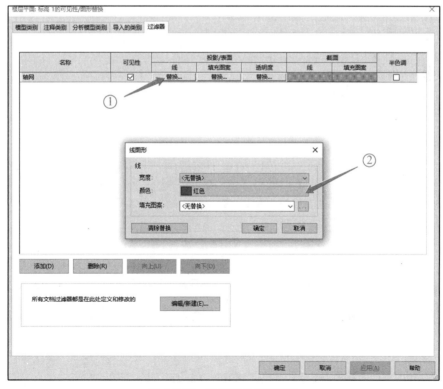

图 3-3-20　轴网颜色设置红色

典型案例：标高与轴网的创建

（1）创建标高

1）根据教材给定图纸文件，在 Revit 中创建标高。

在项目浏览器中双击"南立面"，进入立面视图（图 3-3-21）。

2）在功能区"建筑"或"结构"选项卡末端附近选择"标高"命令，在弹出的上下文选项卡中选择"直线"绘制方式，将鼠标移动至绘图区，点击左键选择标高线起点，移动鼠标至终点后再次点击左键完成绘制，并对标高进行命名（图 3-3-22）。

3）依照相同的方法，或者通过"复制"或"阵列"命令创建剩余标高（图 3-3-23）。

4）在"项目浏览器"中"楼层平面"下，检查是否因"复制"或"阵列"生成的标高未创建楼层平面视图，如果缺少视图，可通过功能区选项卡"视图"中的"平面视图"下拉菜单内的"楼层平面"命令

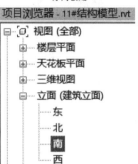

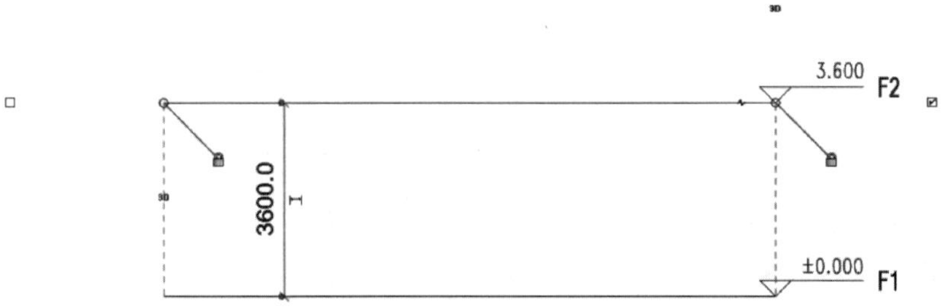

图 3-3-21　创建标高

图 3-3-22　绘制标高

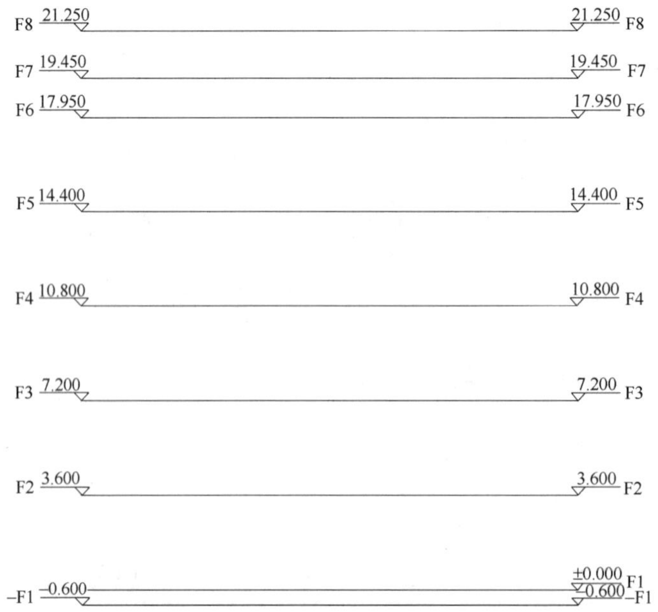

图 3-3-23　"复制"或"阵列"标高

进行添加（图 3-3-24）。

图 3-3-24　添加平面视图

（2）创建轴网

1）在项目浏览器中，选择平面视图 F1，双击名称进入该视图。在功能区"建筑"或"结构"选项卡末端附近选择"轴网"命令，在弹出的上下文选项卡中选择"直线"绘制方式，将鼠标移动至绘图区，点击左键选择轴网线起点，竖向移动鼠标至终点后再次点击左键完成绘制（图 3-3-25）。

轴网创建

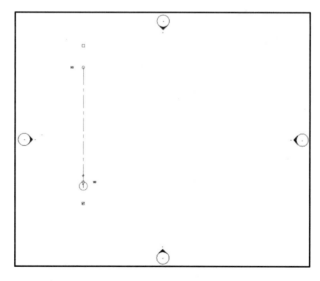

图 3-3-25　绘制轴网

2）选择刚才绘制好的轴线，通过"复制"命令（快捷键 CO），在弹出的"工具栏"中勾选"多个"，在绘制区单击左键选取起点，向右侧拖动鼠标，依次输入"3600""3900""7800""7800""7800""7800""7800""7800""7800""7800""3600"后回车，完成绘制。用相同的方法绘制纵轴，相应尺寸从随书文件中查找，完成后如图 3-3-26 所示。

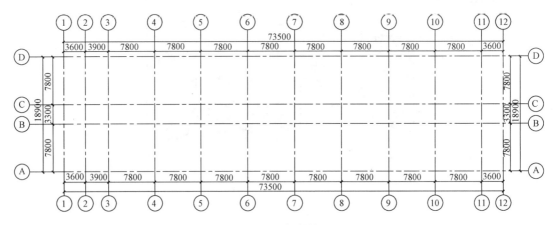

图 3-3-26　复制轴网

3）调整标高和轴网

通过"项目浏览器"进入"南立面"，对已绘制好的标高和轴网进行调整，使其确保相交，并通过"影响范围"命令，使相应立面一致（图 3-3-27）。

调整标高和轴网

图 3-3-27　调整标高和轴网

4）调整完毕后将标高与轴网通过"锁定"命令锁定，防止误操作发生（图 3-3-28）。

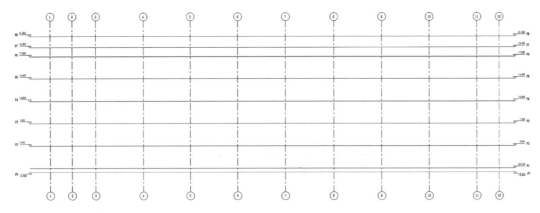

图 3-3-28　锁定标高和轴网

（3）将项目基点移动至①轴和Ⓐ轴的交点处并锁定。通过关闭"项目基点"的"修改点的剪裁状态"，来移动项目基点，将移动后的项目基点坐标重新归零并重新激活"修改点的剪裁状态"（图 3-3-29）。

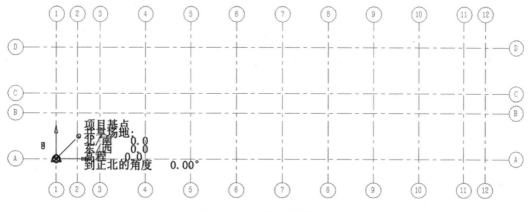

图 3-3-29　移动项目基点

小　结

　　本章介绍了样板文件创建的基本方法，轴网的创建和项目基点参数设置方法。通过对本章知识的学习，学员能够更好地了解 Revit 的工作原理和应用方法，掌握快速创建项目的技巧，提高工作效率和准确性。

学习反思

4　结构模型的创建

1. 掌握结构柱、基础、结构梁、结构墙、结构楼板的创建，族的载入，参数设置等。
2. 熟悉钢筋模型的输入与布置。
3. 熟悉在项目中绘制桁架，创建桁架族。
4. 熟悉在项目中绘制支撑，编辑支撑。

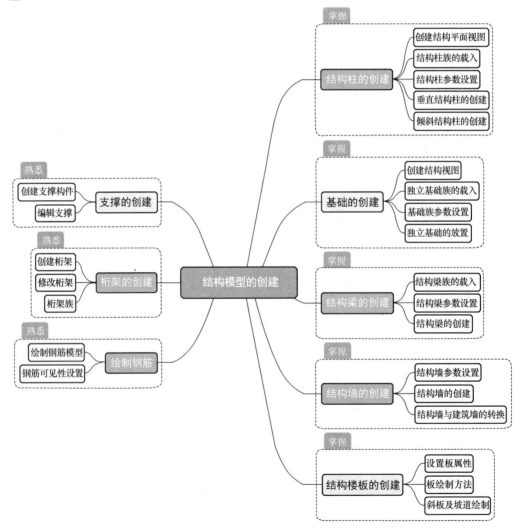

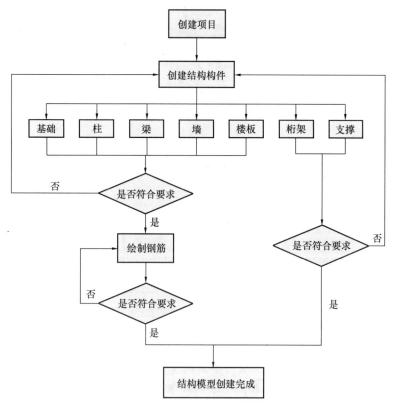

4.1 结构柱的创建

1. 创建结构平面视图

单击"视图"→创建面板"平面视图"下拉菜单中的"结构平面",在弹出的对话框中,选中所需要的结构标高,如图 4-1-1 所示。单击确定,在"项目浏览器栏""视图""结构平面"出现新建的结构平面,如图 4-1-2 所示。

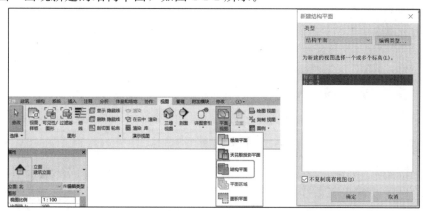

图 4-1-1 新建结构平面视图

图 4-1-2　项目浏览器

2. 结构柱族的载入

Revit 软件自带一些族，当这些族可以满足工程需要时可以略过"结构柱族的载入"部分，仅类型不满足工程需要可以参照"结构柱参数设置"增加结构柱类型。

单击"插入"→"载入族"命令，打开"载入族"对话框，如图 4-1-3 所示。

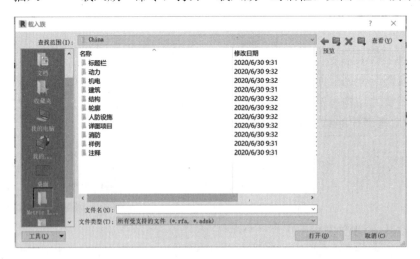

图 4-1-3　载入族

对话框中选择"结构"→"柱"，进入结构柱对话框，根据工程实际选择结构柱材质，选择"混凝土"，再根据所需要形状将结构柱载入，如图 4-1-4 所示。

另一种载入方法为：直接在创建结构柱过程中载入所需结构柱族。单击"结构"→

图 4-1-4　选择结构柱族

"柱"，如图 4-1-5 所示。在结构柱"属性"栏中，单击"编辑类型"弹出"类型属性"对话框，单击载入按钮同样出现"载入族"对话框，如图 4-1-6 所示。

图 4-1-5　柱命令

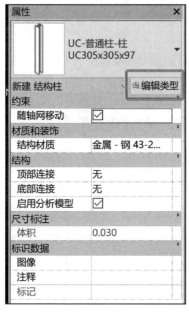

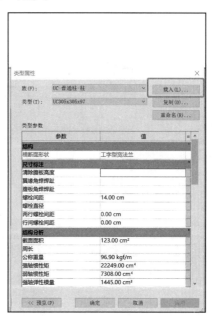

图 4-1-6　通过类型属性载入

3. 结构柱参数设置

单击"结构"→"柱",单击编辑类型按钮,打开"类型属性"对话框(操作过程同"载入结构柱"的第二种方法)。在"类型属性"对话框中,单击族的三角形下拉菜单,选择所需要的柱族,然后单击"复制"按钮,进行新建结构柱的名称设置,以"600mm×700mm"名称为例,单击"确定",如图 4-1-7 所示。

图 4-1-7　复制族类型

在类型参数"b""h"中,根据图纸尺寸输入正确数值,如图 4-1-8 所示。点击"确定",关闭"类型属性"对话框。

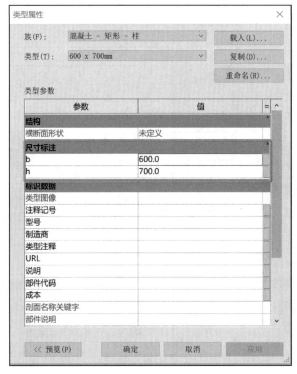

图 4-1-8　编辑属性

也可在属性栏中对结构柱的结构材质进行设置，关联为"柱材质"（图 4-1-9）。

采用同样的方法，根据结构施工图，建立其他结构柱构件类型并进行相应尺寸及结构材质的设置，全部设置完成后，可在"类型属性对话框"族的三角形下拉菜单中看到已经设置好的所有结构柱类型。

4. 垂直结构柱的创建

垂直结构柱是指垂直于标高的结构柱。本教材实例均为垂直结构柱，垂直结构柱的创建方法如下：

单击"结构"→"柱"，在属性栏找到名称为"600mm×700mm"的结构柱，Revit 自动切换至"修改│放置结构柱"选项卡，单击放置面板"垂直柱"命令。放置柱时，使用空格键可以更改柱的放置方向，如图 4-1-10 所示。在选项栏中根据实际要求指定以下内容：

图 4-1-9　修改实例材质

放置后旋转：勾选后可以在放置柱后立即将其旋转。

图 4-1-10　设置放置参数

标高：（仅限三维视图）为柱的底部选择标高。在平面视图中，该视图的标高即为柱的底部标高。

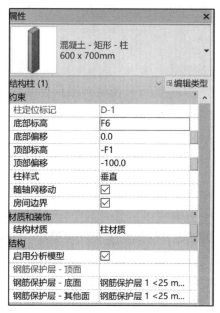

图 4-1-11　属性栏

深度/高度：此设置从柱的底部向下绘制/从柱的底部向上绘制。

未连接/标高：设定柱另一端的位置。可以选择"未连接"，然后指定柱的高度，或者选择已定义的结构标高（如 F1、F2）。

创建好结构柱后，进行检查，选中视图区域构件，可在属性栏对其实例属性如底部标高、底部偏移等参数进行修改，如图 4-1-11 所示。

5. 倾斜结构柱的创建

Revit 除了可以创建垂直于标高的结构柱外，还可以创建任意角度的倾斜结构柱。在使用结构柱工具时，在"放置"面板中选择"斜柱"命令，并在选项栏中设置"第一次单击"和"第二次单击"时生成的结构柱对应标高及偏移值，在视图区即可进行倾斜结构柱的创建，如图 4-1-12 所示。

提示：在布置结构柱时，如果结构柱的中心

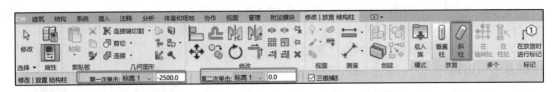

图 4-1-12　修改斜柱放置参数

与轴网交点重合，则比较容易对齐并布设；如果结构柱中心与轴网交点不重合，为了精确定位，需要进行捕捉设置，对尺寸标注捕捉、对象捕捉等进行进一步的设置（图 4-1-13）。

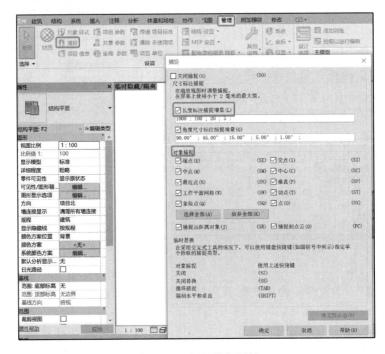

图 4-1-13　调整捕捉属性

图 4-1-14　楼层名称

6. 工程实例：结构柱的创建

（1）依据工程实例——某学校宿舍楼结构图纸创建对应的结构平面，并根据楼层进行命名，如图 4-1-14 所示。

（2）切换至一层（F1）结构平面，根据图纸进行轴网的绘制，如图 4-1-15 所示。

（3）载入结构柱族，并依据图纸修改其类型参数如图 4-1-16所示，根据图纸依次复制建立其他类型的结构柱。

（4）创建结构柱，调整选项栏参数为"高度"，到达标高为"F6"，鼠标指针移动到①轴线与①轴线交点位置处，单击左键将结构柱放置在对应位置，如图 4-1-17 所示。

（5）单击刚刚创建好的结构柱，属性栏检查是否需要修改相关实例参数，参数设置如图 4-1-18 所示。

（6）依次布置对应结构柱，布置好结构柱后，可将原结

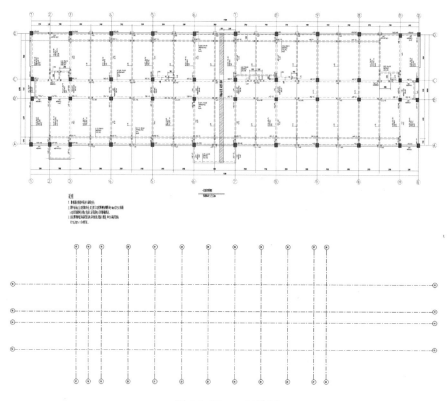

图 4-1-15　一层轴网

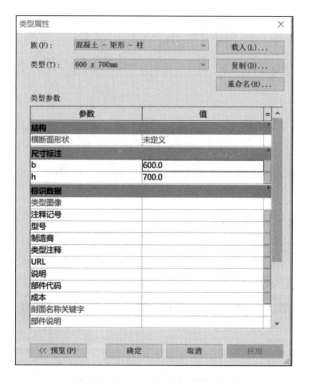

图 4-1-16　通过复制创建其他柱

图 4-1-17　选择相应轴线交点

图 4-1-18　实例属性

构 CAD 图纸链接或插入 Revit 中进行对比调整。对于位置不正确的结构柱，可利用"对齐"工具对齐；对于方向错误的结构柱，可按空格键进行旋转。

调整后删除 CAD 图纸，布置完成的结构柱如图 4-1-19 所示。

结构柱的创建

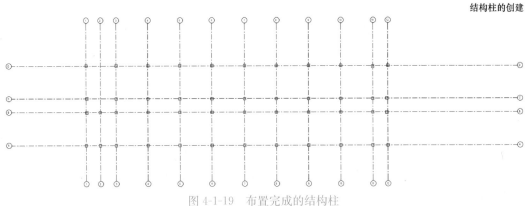

图 4-1-19　布置完成的结构柱

4.2　基础的创建

1. 创建结构视图

单击"视图"→"创建"→"平面视图"下拉菜单中的"结构平面"命令，在弹出的对话框中，选中所需要的结构标高，单击"确定"按钮，在"项目浏览器"→"视图"→"结构平面"中出现新建的结构平面如图 4-2-1 所示。

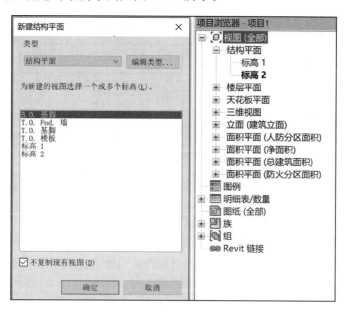

图 4-2-1　新建结构平面对话框

2. 独立基础族的载入

单击"插入"→"载入族"命令，打开"载入族"对话框，如图 4-2-2 所示。

图 4-2-2　载入族

对话框中选择"结构"→"基础",进入"基础"对话框,根据工程实际所需要的形状载入独立基础,如图 4-2-3 所示。

图 4-2-3　选择基础族

当需要选择其他文件夹中的族时,点击对话框最左侧导航栏,可以找到其他文件夹,并选择相应族文件。例如,在案例工程中,图中所示独立基础皆为带垫层的二阶独立基础,Revit 给定的默认基础族中并没有相应的族文件,所以选择"桌面"文件夹中的"二阶独立基础族",如图 4-2-4 所示。

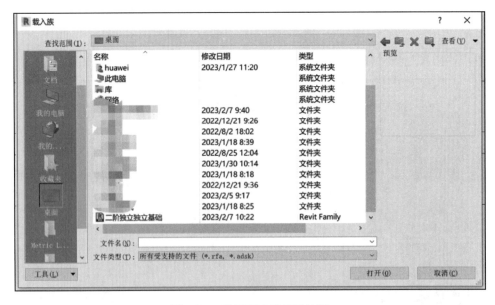

图 4-2-4　选择既定路径下的族

3. 基础族参数设置

单击"结构"→"基础"→"独立基础"，单击"编辑类型"按钮，打开"类型属性对话框"。在"类型属性对话框"中，单击"复制"按钮，进行新建基础的名称设置，以"J-1"名称为例，单击"确定"，如图 4-2-5 所示。

图 4-2-5　通过复制新建

在类型参数中共设置了包括第一节台阶、第二节台阶和垫层的尺寸参数，根据图纸尺寸输入正确数值，如图 4-2-6 所示，点击"确定"，关闭"类型属性对话框"。

图 4-2-6　调整类型属性

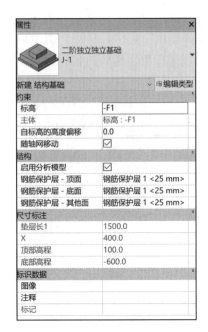

图 4-2-7　通过类型选择器选择

采用同样的方法，根据结构施工图，建立其他独立基础，构建类型并进行相应尺寸及结构材质的设置，全部设置完成后，可在"类型属性对话框"族的三角形下拉菜单中看到已经设置好的所有结构柱类型。

4. 独立基础的放置

单击"结构"→"基础"→"独立基础"，在属性栏找到名称为"J-1"的结构柱，Revit 自动切换至"修改｜放置-独立基础"选项卡，单击鼠标左键即可放置，使用空格键可以更改基础的放置方向。在属性栏中根据实际要求指定以下内容，如图 4-2-7 所示。

标高：（仅限三维视图）为基础的放置基准点选择标高。在平面视图中，该视图的标高即为放置基准点标高。

自标高的高度偏移：调整基础族放置基准点相对所选标高的竖向偏移值。

随轴网移动：勾选以后，当放置时所选轴线位置发生移动时，基础会随之移动。

5. 工程实例：独立基础的创建

（1）切换至基础结构平面，根据图纸绘制基础，如图 4-2-8 所示。

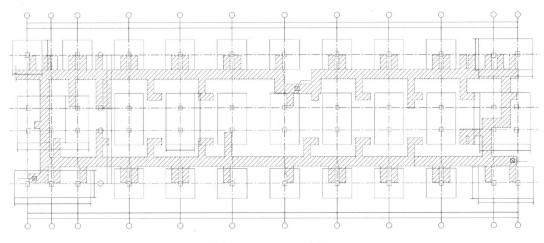

图 4-2-8　基础平面布置图

（2）载入二阶独立基础族，并依据图纸修改其类型参数（图 4-2-9），并依次复制建立其他类型的基础族。

（3）放置基础族，检查属性栏是否需要修改相关实例参数，参数设置如图 4-2-10 所示。

结构基础的创建

（4）依次布置对应独立基础，可将原结构 CAD 图纸链接或插入 Revit 中进行对比调整。对于位置不正确的基础，可利用"对齐"工具对齐；对于方向错误的基础，可按空格键进行旋转。

图 4-2-9　修改类型参数

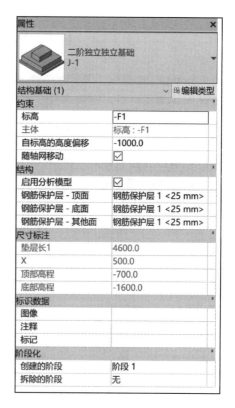

图 4-2-10　检查实例属性

调整后删除 CAD 图纸，布置完成的独立基础如图 4-2-11 所示。

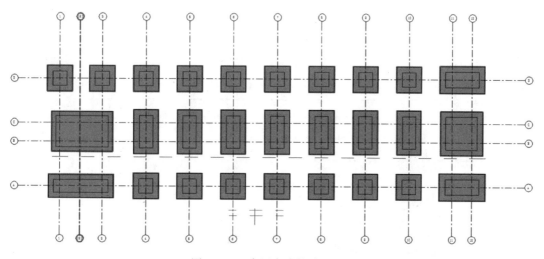

图 4-2-11　布置完成的独立基础

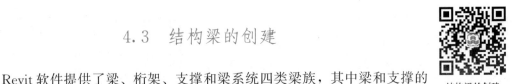

结构梁的创建

4.3 结构梁的创建

Revit 软件提供了梁、桁架、支撑和梁系统四类梁族,其中梁和支撑的创建方式与墙相似,桁架通过设置类型属性中的上弦杆、下弦杆以及腹杆等梁族类型,生成复杂形式的桁架图元,梁系统是在指定区域内按照指定的距离阵列生成的梁。本节主要介绍梁的创建,软件默认状态下加载了一些梁族,如果满足工程要求,即可略过"结构梁族的载入"部分。

1. 结构梁族的载入

单击"插入"→"载入族"命令,打开"载入族"对话框,如图 4-3-1 所示。

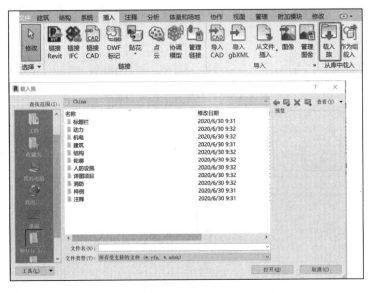

图 4-3-1 载入族

对话框中选择"结构"→"框架",进入结构柱对话框,根据工程实际选择结构梁材质,选择"混凝土",再根据实际需要载入"混凝土-矩形梁",如图 4-3-2 所示。

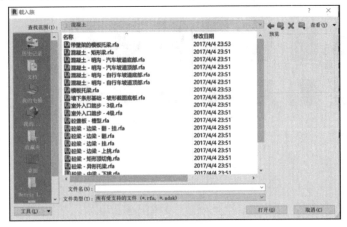

图 4-3-2 选择相应族

也可以依据结构柱的第二种载入方法进行结构框架族的载入，此处不再赘述。

2. 结构梁参数设置

单击"结构"→"梁"，单击"编辑类型"按钮，打开"类型属性对话框"（操作过程同"载入结构柱"的第二种方法）。在"类型属性对话框"中，单击族的三角形下拉菜单，选择所需要的梁族，然后单击"复制"按钮，进行新建结构梁的名称设置，以"WKL2（1）300×600"名称为例，根据工程实际对梁的尺寸进行修改，操作方法同"结构柱参数设置"，如图 4-3-3 所示，根据工程实际依次对结构梁类型参数进行设置完成结构梁的类型创建。

3. 结构梁的创建

单击"结构"→"梁"，在属性栏找到名称为"WKL2（1）300×600"的结构梁，如图 4-3-4 所示。

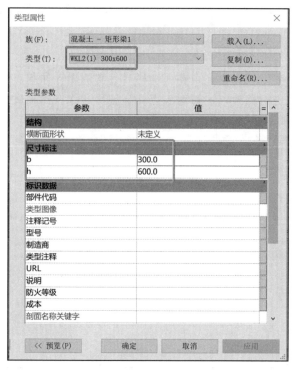

图 4-3-3　通过复制新建族

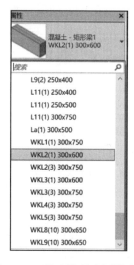

图 4-3-4　通过类型选择器选择

梁的创建命令默认为在平面视图中进行绘制，绘制时打开对应结构平面通过点击起点和终点绘制梁。梁的路径可通过"绘图"面板中的几何图形进行绘制，如图 4-3-5 所示。

图 4-3-5　绘制梁命令

在选项栏中根据实际要求指定以下内容（图 4-3-6）：

放置平面：默认为结构平面标高，可根据需求进行调整。

结构用途：可根据工程实际选择为大梁、水平支撑、托梁等，方便后期构件及工程量的统计。

三维捕捉：勾选后在三维状态下也可以通过依次点击确定梁的起点和终点进行梁的创建，否则三维状态下无法创建结构梁。

链：勾选后 Revit 实现一根梁终点作为下根梁的起点不间断连续绘制方式。

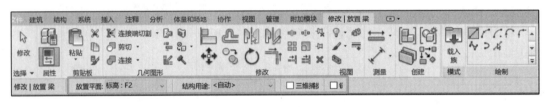

图 4-3-6　调整绘制参数

创建好结构梁后进行检查，选中视图区域构件，可在属性栏对其实例属性如起点标高偏移、终点标高偏移、结构材质等参数进行修改，通过对起点标高偏移和终点标高进行不同值的偏移即可创建斜梁，如图 4-3-7 所示。

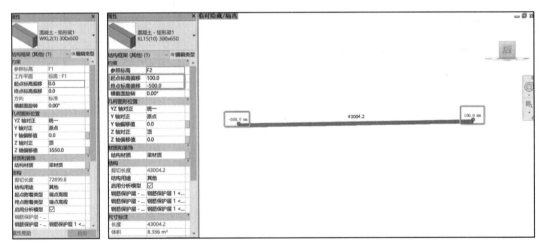

图 4-3-7　斜梁

提示：布置结构梁时，为了能够正确显示结构梁，通常要进行视图范围的修改设置，如图 4-3-8 所示。

4. 结构梁的创建工程实例

（1）切换至结构平面 F2，如图 4-3-9 所示，Revit 模型中包含已创建的结构柱。

（2）载入结构梁族，并依据图纸修改其类型参数如图 4-3-10 所示，根据图纸依次复制建立其他类型的结构梁。

（3）创建结构梁，调整选项栏参数为放置平面"F2"，结构用途为"其他"，鼠标指针移动到①轴线与⑪轴线交点位置处单击放置梁的一端，鼠标指针移动到①轴线与⑥轴线交点位置处单击放置梁的另一端，如图 4-3-11 所示。

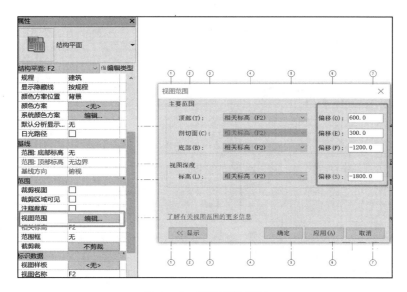

图 4-3-8　调整视图范围

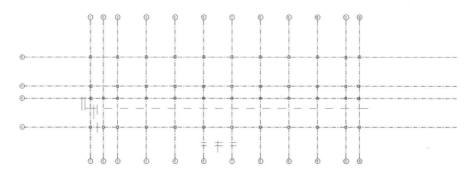

图 4-3-9　结构平面 F2 视图

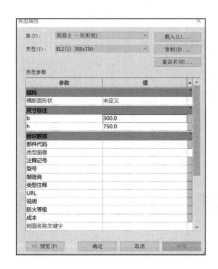

图 4-3-10　创建所需梁类型

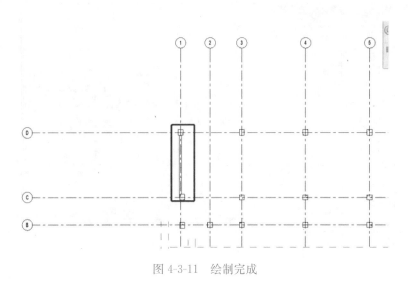

图 4-3-11　绘制完成

（4）依据上述方法依次布置对应结构梁，检查时可利用"对齐"等功能调整梁的位置，布置完成后的 F2 结构梁平面图如图 4-3-12 所示。

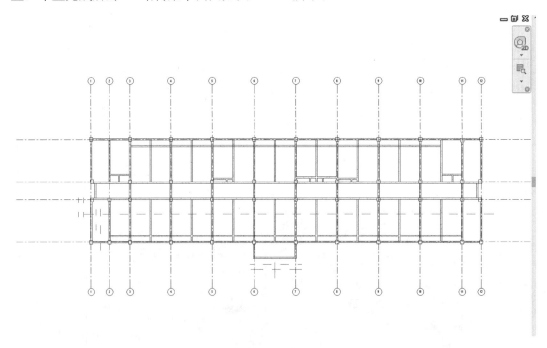

图 4-3-12　二层梁完成

（5）依据上述步骤分别进行其他楼层结构梁的布置，最后切至三维模式进行检查，如图 4-3-13 所示。

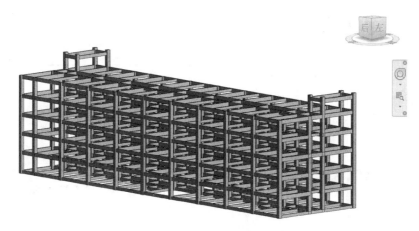

图 4-3-13　全部完成

4.4　结构墙的创建

墙是 Revit 中最灵活的建筑构件，属于系统族，可以根据指定的墙结构参数定义生成三维墙体模型，创建结构墙之前，通常要根据工程的实际对墙的属性等信息进行设置，然后根据图纸进行墙的布设。

1. 结构墙参数设置

单击"结构"选项卡，单击"墙"命令下小三角，选中"墙-结构"，属性栏自动切换成结构墙的内容，如图 4-4-1 所示。

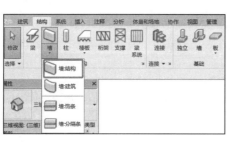

图 4-4-1　结构墙

图 4-4-1 属性栏中，单击"编辑类型"，打开"类型属性"栏，如图 4-4-2 所示，复制类型，对墙重新命名，单击"编辑"，打开"编辑部件"，对结构墙的属性（墙厚度、结构层、材质等）进行设置，当结构墙的结构层为两层或两层以上，可以通过单击"插入"进行设置，如图 4-4-3 所示。

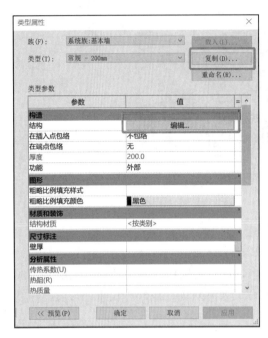

图 4-4-2　类型属性面板

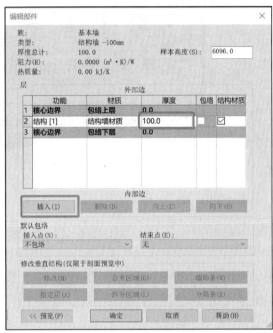

图 4-4-3　编辑部件面板

2. 结构墙的创建

设置完墙属性后，会自动激活"修改放置结构墙"命令，或单击"结构"→"墙-结构"，在属性栏找到对应的结构墙类型，方法同结构柱，此处不再赘述。

结构墙的创建方法为通过单击起点和终点绘制墙，墙的路径可通过"绘制"面板中的几何图形进行绘制，如图 4-4-4 所示。

图 4-4-4　绘制栏

在选项栏中根据实际要求指定以下内容（图 4-4-5）：

标高：在未选定结构平面标高时，出现此选项，可根据创建需求进行标高的选择，当进入指定结构平面标高时，不再出现此选项。

深度/高度：当前层向下/当前层向上，通常设置为对应结构平面标高进行创建结

图 4-4-5 调整绘制参数

构墙。

未连接/标高：在常用"高度"选项下，可以通过设置"未连接"后数字进行结构墙高度设置/设置结构墙的顶部标高；在"深度"下，为向下的底部设置。

定位线：放置墙体时，定位线位置，可选取为墙中心线等。

链：勾选后 Revit 实现一面墙终点作为下面墙的起点不间断连续绘制方式。

偏移：放置墙体时，墙体与鼠标间的偏移距离。

半径：勾选后，可在连续绘制墙体时形成对应半径的弧形墙体。

通常在墙体上需要增加或者编辑洞口，选中需要修改的墙体，自动激活上下文选项卡"修改｜墙"，如图 4-4-6 所示。

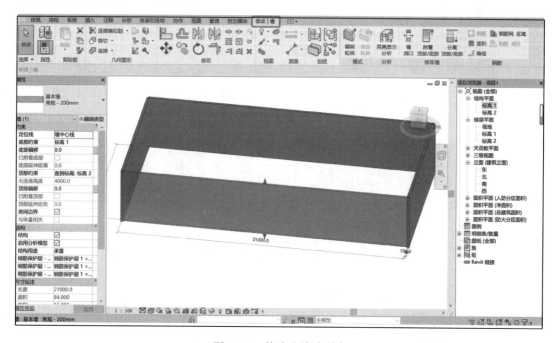

图 4-4-6 修改｜墙选项卡

单击"编辑轮廓"命令，根据洞口的形状，如矩形、圆形等进行选择，可以增加或者改变墙体的洞口，设置完成后，单击模式中"√"命令，完成洞口的创建，如图 4-4-7 所示。

3. 结构墙与建筑墙的转换

当创建结构墙后，需要将墙体修改为建筑墙时，可通过改变属性栏中"结构"的勾选进行转换，如图 4-4-8 所示。

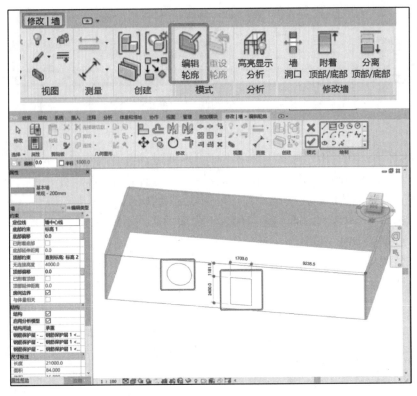

图 4-4-7　通过编辑轮廓创建洞口

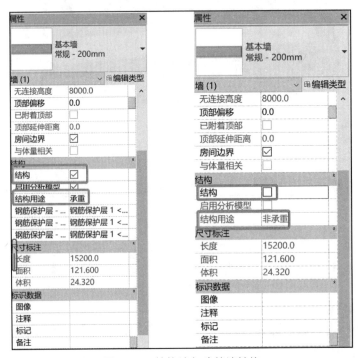

图 4-4-8　结构墙与建筑墙转换

4.5　结构楼板的创建

结构楼板的创建

单击"结构"选项卡，鼠标选择"楼板"→"楼板：结构"进入"修改｜创建楼层边界"选项卡，完成楼板绘制（图 4-5-1）。

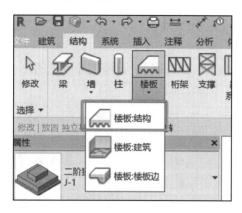

图 4-5-1　结构楼板

1. 设置板属性

选择结构楼板之后，需要对楼板的属性（板名称、厚度、材料）进行设置。设置方法：在图 4-5-2 中点击"编辑类型"，并弹出对话框。

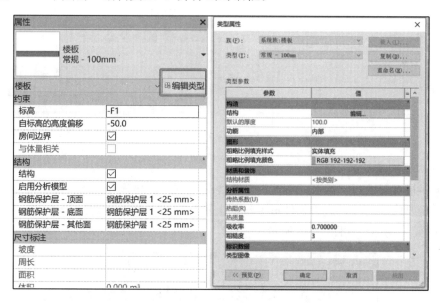

图 4-5-2　属性编辑

板基本信息的设置与前面的梁、柱基本类似，在这里不再赘述。

2. 板绘制方法

绘制楼板的方式有多种，可以按照直线、矩形方式绘制，也可以选择"拾取线"。按照图纸上楼板区域绘制完成之后，点击选项卡"√"命令完成楼板的绘制。当选择"拾取墙"命令绘制楼板时，需要先绘制板下墙体，拾取并按图填入偏移值即可生成墙体边界线，如图 4-5-3 所示。

图 4-5-3　通过拾取创建

绘制楼板边界线时，要确保边界线闭合且不能相交，否则会有错误提示，图中有错误的位置会有图形提示，如图 4-5-4、图 4-5-5 所示。

图 4-5-4　未形成闭合的环

图 4-5-5　草图线相交

3. 斜板及坡道绘制

对于斜板可以通过"修改子图元"的命令来实现，具体操作如下：

选中需要修改的板，这时软件最上端的上下选项卡"修改丨楼板"命令被激活，出现"修改子图元"功能，如图 4-5-6 所示。

图 4-5-6　修改子图元

点击"修改子图元"命令，绘图区域中的板变为可修改状态，如图 4-5-7 所示。

图 4-5-7　激活修改子图元

图 4-5-7 中板四角小方块位置处可以点击，并输入数据修改该点标高。将把最右侧的两处数据都改为－500mm，查看立面模型变为如图 4-5-8 所示的斜板。

图 4-5-8　修改点的标高

坡道绘制方法：选择斜板，点击"编辑类型"，在"类型属性"对话框中对结构进行编辑，弹出"编辑部件"对话框，勾选"可变"选项并确定，如图 4-5-9、图 4-5-10 所示。

编辑部件						×

族：　　　　　　楼板
类型：　　　　　常规 － 100mm
厚度总计：　　　700.0 （默认）
阻力(R)：　　　 0.0000 （㎡・K）/W
热质量：　　　　0.00 kJ/K
层：

	功能	材质	厚度	包络	结构材质	可变
1	核心边界	包络上层	0.0			
2	结构 [1]	<按类别>	700.0	☐	☑	☑
3	核心边界	包络下层	0.0			

插入(I)	删除(D)	向上(U)	向下(O)

<< 预览(P)	确定	取消	帮助(H)

图 4-5-9　勾选可变

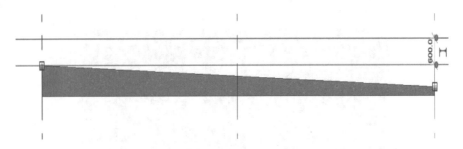

图 4-5-10　生成结果

4. 工程实例：楼板的创建

（1）切换至 F2 结构平面，根据图纸绘制一层顶板，如图 4-5-11 所示。

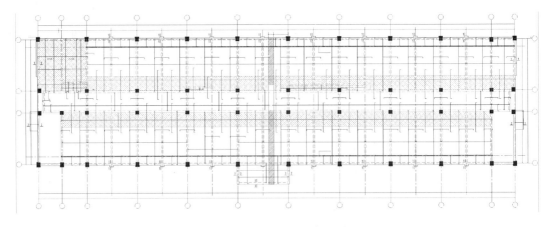

图 4-5-11　一层顶板布置图

（2）单击"结构"选项卡，鼠标选择"楼板"→"楼板：结构"进入"修改 | 创建楼层边界"选项卡，在左侧属性栏中选择楼板类型，填入高度偏移值，绘制楼板边界线，如图 4-5-12 所示，点击"√"完成楼板绘制（此处为凸显轮廓线颜色将背景色调整为黑色）。

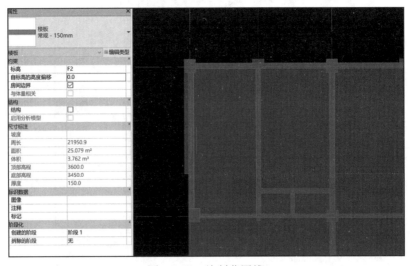

图 4-5-12　绘制草图线

（3）依次绘制其他楼板，需注意楼板类型及自标高的高度偏移，例如在卫生间处，由于防水需要，楼板经常要降板。布置完成楼板如图 4-5-13 所示。

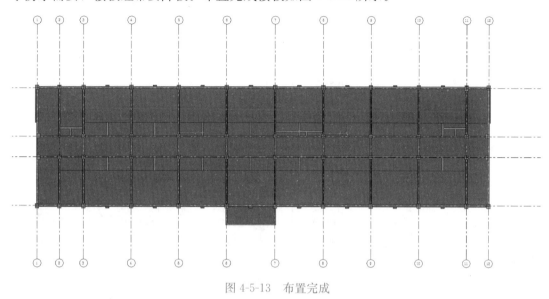

图 4-5-13 布置完成

4.6 绘 制 钢 筋

1. 绘制钢筋模型

单击"结构"选项卡，鼠标选择"钢筋"→"钢筋"，第一次绘制钢筋模型前，需要把"钢筋形状"族载入项目中才能布置钢筋。详细的操作和插入族操作步骤一样，如图 4-6-1所示。

图 4-6-1 载入钢筋形状族

选中所有钢筋形状族文件，单击"打开"。软件会运行几分钟，然后把选中的钢筋类型全部载入项目中。在右侧"项目浏览器"的结构钢筋中可以看到载入的钢筋族，如图 4-6-2所示。

再次选中需要布置钢筋的构件，查看属性栏中"结构"部分，设置钢筋保护层属性，如图 4-6-3所示。

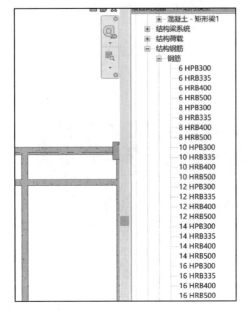

图 4-6-2 族列表

图 4-6-3 设置钢筋保护层

点击"钢筋"→"钢筋",进入"修改 | 放置钢筋"选项卡,在选项卡中列出了放置钢筋的平面、方向等功能,如图 4-6-4 所示。

图 4-6-4 修改 | 放置钢筋

图 4-6-5 布局

以梁为例,在梁中一般会有上部纵筋、下部纵筋、腰筋和箍筋等。在绘制不同位置、不同类型的钢筋时,通过选择不同的放置平面和放置方向将钢筋模型进行摆放。钢筋集选项中,可以选择单根布置或多根布置,方便快速放置多根钢筋模型,如图 4-6-5 所示。

2. 钢筋可见性设置

钢筋模型输入后需要进行一些设置才能在三维模型中以实体方式展示,否则将按线条显示。三维模型中以实体方式展示的设置方法如下:

在模型中选择一根钢筋,点击右键弹出图 4-6-6 所示对话框。点击"视图可见性状态"的"编辑…"。

在图 4-6-7 对话框中把"三维视图"选项中的"作为实体查看"复选框打上"√",这表示在三维显示时以实体来显示。搭建完毕之后的三维钢筋模型如图 4-6-8 所示。

图 4-6-6　编辑钢筋可见性形态

图 4-6-7　钢筋图元视图可见性状态

图 4-6-8　作为实体查看

4.7　桁架的创建

1. 创建桁架

Revit 软件自带部分类型的桁架族，绘制桁架需要首先载入族。单击"插入"→"载入族"命令，在"结构"→"桁架"目录下载入相应类型的族，如图 4-7-1 所示。

在"结构"选项卡中选"桁架"命令，在选项栏中设置放置标高。在类型选择器中选择刚载入的桁架，在属性栏中设置结构及尺寸等属性，如图 4-7-2 所示。

2. 修改桁架

当鼠标放在桁架任意位置时，桁架显示虚线状态，此时单击，可以选中整体桁架，如图 4-7-3所示。若要选中单独上弦杆、下弦杆或腹杆，需按"Tab"键进行切换选择。

图 4-7-1 载入桁架族

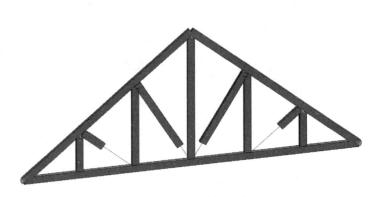

图 4-7-2 设置桁架实例属性

图 4-7-3 调整桁架部件

选中桁架后，单击属性栏中的"编辑类型"6。弹出"类型属性"对话框如图 4-7-4 所示。

在此界面中可以设置桁架中弦杆和腹杆的结构框架类型，起点终点约束以及角度等参数，框架类型可以使用任意已经载入项目中的结构框架（即梁）类型。

编辑类型中修改弦杆、腹杆是一次性修改桁架中所有弦杆、腹杆。若想单独修改某一根杆，需单独选择一根杆件，在"属性"栏类型选择器中选择结构框架类型，如图 4-7-5 所示。

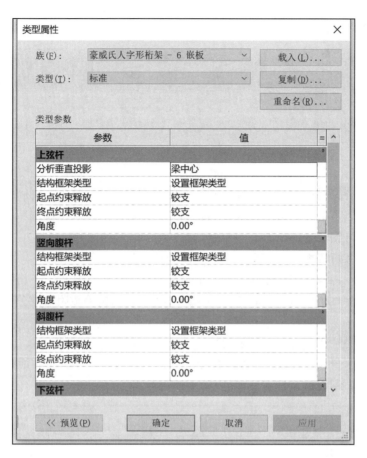

图 4-7-4 修改桁架类型属性

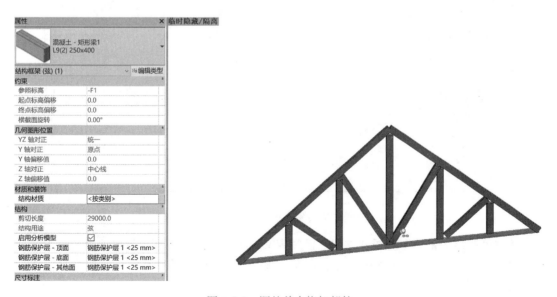

图 4-7-5 调整单个桁架部件

选中整个桁架后，自动转到"修改 | 结构桁架"选项卡，在"修改桁架"选项中可以对桁架进行编辑，如图 4-7-6 所示。

图 4-7-6　修改 | 结构桁架

编辑轮廓：可以对桁架的上弦杆和下弦杆进行编辑，改变桁架的外轮廓。

编辑族：编辑桁架族，可以改变桁架布局等，本教材后续"桁架族"中将详细讲解。

重设轮廓：将编辑过的桁架返回原始状态。

重设桁架：将桁架类型及其包含构件重设为默认值。

删除桁架族：将桁架布局删除，只留下桁架中的结构框架构件，不再是桁架整体。

附着顶部/底部、分离顶部/底部：将桁架与屋面、结构楼板附着或分离。

3. 桁架族

对于复杂的桁架建模可以通过创建桁架族来实现，具体步骤如下：

单击"文件"→"新建"→"族"命令，弹出如图 4-7-7 所示的对话框，选择"公制结构桁架"样板，创建族文件。

图 4-7-7　选择桁架族样板文件

在"公制结构桁架"样板文件中，已经定义好了桁架的一些基本数据，如上、下弦杆的参照平面（图 4-7-8），桁架的长度、宽度参数以及弦杆腹杆的参数，只需要绘制桁架布局定义桁架杆的类型即可。

创建族文件后，首先设置桁架的"高度""长度"。然后即可分别绘制布局中的弦杆及腹杆。绘制命令在"创建"选项卡"详图"面板中，分为"上弦杆""腹杆""下弦杆"

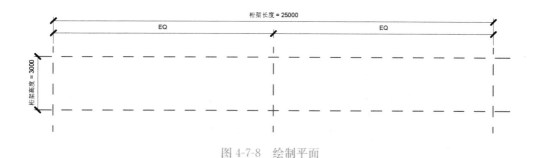

图 4-7-8 绘制平面

（图 4-7-9）。绘制后"上弦杆"是紫色线，"下弦杆"是蓝色线，"竖向腹杆"是黑色线，"斜腹杆"是绿色线，注意区分，如图 4-7-9 所示。

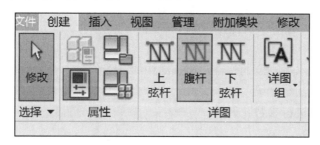

图 4-7-9 绘制桁架

布局绘制完成后，需要给桁架杆指定结构框架类型。单击选项卡"插入"→"从族库中载入"→"载入框架族"命令，载入结构框架族。操作与创建"梁"时载入族类似。

然后单击"创建"→"属性"→"族类型"命令，在"族类型"对话框中，分别设置上、下弦杆与腹杆的"结构框架类型"，如图 4-7-10 所示。

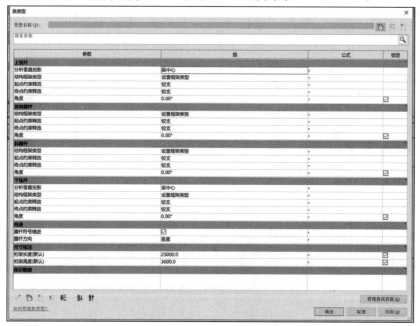

图 4-7-10 设置结构框架类型

此处可以不设置，载入项目后在桁架"属性栏"里编辑类型中也可以设置。若不设置结构框架类型，架杆会默认使用项目中当前"梁"的类型。保存后，将族载入项目中，绘制桁架如图 4-7-11 所示。

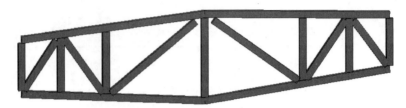

图 4-7-11　绘制完毕

4.8　支撑的创建

支撑是加强结构水平刚度的构件，属于结构的一部分。主要类型有柱间竖向支撑与屋面水平支撑，绘制方法与"梁"基本类似，支撑会将其自身附着到"梁"和"柱"，并根据建筑设计中的修改进行参数化调整。

1. 创建支撑构件

（1）立面中创建"支撑"

切换到立面视图，单击［结构］→［结构］→［支撑］命令，在弹出的"工作平面"对话框的"指定新的工作平面"→"名称"中选择绘制支撑所在的轴网，转到相应视图，如图 4-8-1 所示。

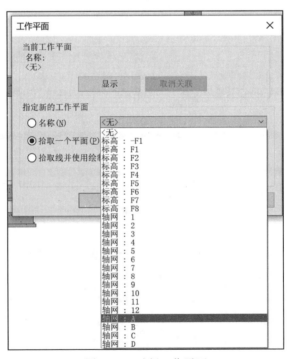

图 4-8-1　选择工作平面

在属性栏中选择相应的结构框架类型，在绘图区域中捕捉相应位置进行支撑绘制，如图 4-8-2 所示。

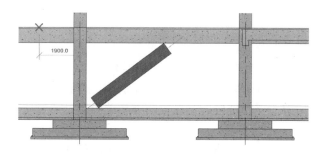

图 4-8-2　绘制支撑

（2）平面中创建"支撑"

切换至平面视图，单击"支撑"命令，平面视图中无需设置工作平面，但需要在"选项栏"中定义"起点"与"终点"的标高，如图 4-8-3 所示。

| 修改 \| 放置 支撑 | 起点: -F1 | ∨ | 0.0 | 终点: F1 | ∨ | 0.0 | □ 三维捕捉 |

图 4-8-3　通过起、终点标高创建

绘图区域中捕捉相应位置，先单击起点，然后点击终点，完成绘制。

2. 编辑支撑

绘制完成支撑后，在绘图区选择布置好的支撑就可以对其进行编辑。支撑属性栏中"限制条件"与"几何图形位置"的编辑与"梁"的编辑方法基本相同。

若支撑的起点或终点附着于梁，则可以通过调整属性栏中结构面板"附着参数"固定支撑端点与梁的位置关系。当梁的长度或位置发生变化时，支撑会随之改变。

支撑附着于柱的情况与附着于梁是不同的。如图 4-8-4 所示，支撑起点附着于柱上，则无附着类型参数；终点附着于梁，可以指定附着参数。

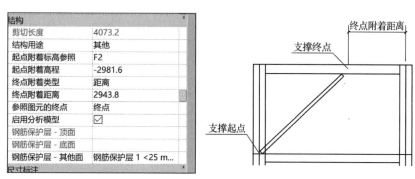

图 4-8-4　编辑支撑

"附着类型"分为"距离"和"比率"，可以分别指定数据：

"距离"：支撑终点与梁的端点之间的距离；

"比率"：支撑终点与梁的端点之间的距离与梁长度的比率。

"参照图元的终点"可选择为"起点"和"终点",决定上面"梁的端点"是起点还是终点。

 小　结

本章介绍了 Revit 软件中结构墙、基础、梁以及楼板的创建方法、参数设置以及载入族的方法等,简单介绍了 Revit 钢筋、桁架、支撑绘制的基础知识,包括桁架族的创建、编辑和参数化,支撑类型、支撑位置、支撑方向等相关内容。通过引入工程实例,便于对相关内容的学习掌握。

通过对本章知识的学习,学员能够更好地进行结构的创建和绘制。

 学习反思

5 建筑模型的创建

 学习目标

1. 掌握：建筑墙的概念；建筑墙的放置与修改；墙体构造层次的创建与修改；组合墙与叠层墙的创建。
2. 了解：门、窗的概念；门、窗的放置与修改；门、窗属性的编辑。
3. 掌握：幕墙的创建；幕墙形状的编辑；幕墙属性的编辑；网格线、嵌板、竖梃的创建。
4. 掌握：建筑楼板的放置与修改；建筑楼板构造层次的创建与修改；楼板属性的修改。
5. 掌握：屋顶的基本概念；屋顶的放置与修改；屋顶的轮廓编辑；屋顶构造层次的创建与修改。
6. 掌握：洞口的创建；洞口属性的编辑。
7. 了解：天花板的概念；天花板的放置与修改；天花板属性的编辑。
8. 掌握：楼梯的绘制与修改；栏杆扶手的绘制；多层楼梯的绘制。
9. 熟悉：房间的创建方法；房间标记的创建。

 思维导图

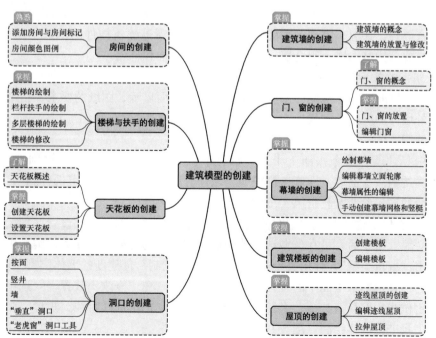

工作流程

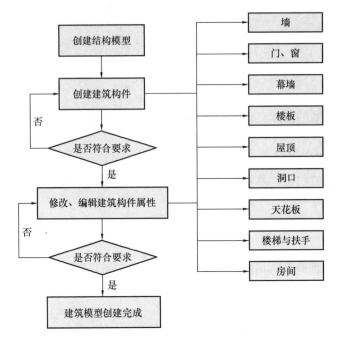

5.1 建筑墙的创建

建筑墙的创建

1. 建筑墙的概念

墙体作为建筑物的重要组成部分，主要起到承重、围护和分隔空间的作用，也具有隔热、保温、隔声的功能，同时也是门、窗等建筑构件的承载主体。在 Revit 中，墙体主要分为基本墙、组合墙、叠层墙、墙体装饰和幕墙。

2. 建筑墙的放置与修改

在墙体绘制时，需考虑墙体高度、构造做法、立面显示、图纸的要求、精细程度的显示以及内外墙体的区别等因素。

（1）绘制墙体。

（2）选择"墙"命令按钮下半部，打开下拉菜单，可以看到构件类别有：[墙：建筑]、[墙：结构]、[面墙]、[墙：饰条]、[墙：分隔条]共 5 种类型可选（图 5-1-1）。

结构墙的输入参照本教材第 4 章的内容，这里不再赘述。

"面墙"在体量面或常规模型时使用，"墙饰条"与"分隔条"的设置原理相同。

激活"墙"命令后，可在类型选择器中选择"墙"的类型。若在默认类型中没有所需墙，则点击"编辑类型"，弹出类型属性界面点击"复制"创建新的墙体类型（图 5-1-2）。

墙体的信息包括水平面中的位置信息和高度信息。在"修改 | 放置墙"选项栏上可对墙高度、定位线、偏移值、链、半径进行设置。在绘制栏中选择直线、矩形、多边形、弧形等绘制工具进行墙体绘制（图 5-1-3）。

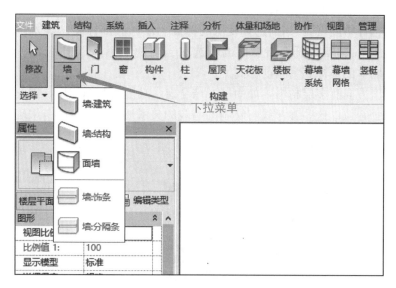

图 5-1-1　建筑墙

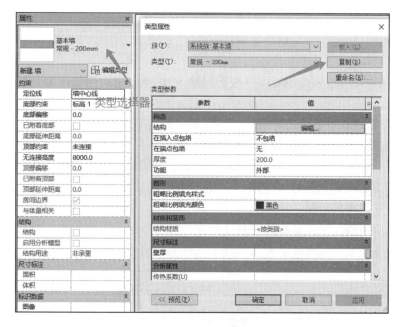

图 5-1-2　通过复制新建

图 5-1-3　编辑墙体信息

高度信息包含墙底标高和墙顶标高。在"高度"下拉菜单中有"高度"和"深度"两个选项。建议选择"高度"，当前选择视图的标高为墙体底部标高，墙体顶部标高的设置可选取"未连接"，并填写所需高度，也可选取当前视图标高以上的某一标高。如果选"深度"，则是墙体的顶标高为当前标高。

墙体在厚度方向有多层材料，如面层、结合层、功能层和结构层，因此有多个物理意义的参考线用于定位。这些参考线与绘制的墙线的关系通过"定位线"来确定。定位线位置如图 5-1-4 所示。

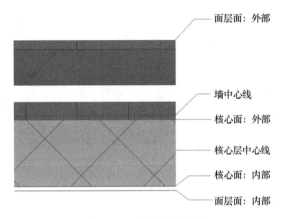

图 5-1-4　参考线示意图

"链"勾选后，可连续绘制墙体（按折线输入）；不勾选，则墙体为一段一段绘制（按线输入）。

"偏移量"输入相应数值后，绘制墙体以定位线为基准向内或向外偏移。

"半径"勾选后，输入相应数值，墙体端头转角会变为按输入的半径倒角。

在功能区"建筑"选项卡中选择"墙"命令，激活后在属性栏的类型选择器中选择需要绘制的墙体类型，将鼠标移至绘图区，通过单击鼠标左键拾取起点，拖动鼠标至终点处，再次单击左键完成绘制。

注意：在绘制墙体时，鼠标应沿顺时针方向移动绘制，墙体有内、外面之分，如若画反，可选中墙体按空格键或者单击反转符号进行翻转墙体内外面（图 5-1-5）。

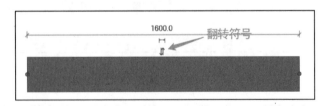

图 5-1-5　翻转墙体

1）修改墙体。

2）修改平面尺寸及定位

点选已绘墙体，可以使用尺寸驱动、鼠标拖动控制点等方式修改墙体位置、长度等信息（图 5-1-6）。

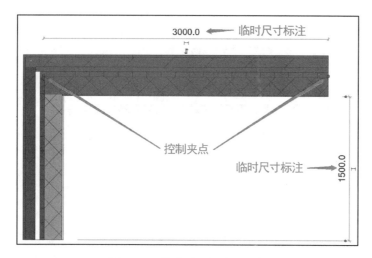

图 5-1-6　修改平面尺寸及定位

选中所绘制墙体，在"修改｜墙"选项卡，以及"属性"对话框，可修改墙的其他参数，包括设置墙体定位线、高度、基面顶面的位置及偏移、结构用途等。

（3）修改墙体参数

在"属性"对话框中，点击"编辑类型"，可以设置不同类型墙的结构、材质以及粗略比例填充样式颜色等（图 5-1-7）。

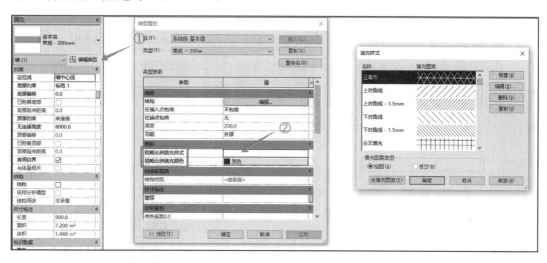

图 5-1-7　修改填充样式

粗略比例填充样式颜色设置后，仅能在"详细程度：粗略"模式下看到。

点击"属性"对话框中"结构"对应的"编辑"，弹出"编辑部件"对话框，墙体构造层厚度及位置关系可自行定义（点击插入、删除、向上以及向下进行设置，如图 5-1-8 所示）。

"在插入点"选择"包络"是指当插入门窗时，墙体内外面层对核心层的包覆方式。"在端点"选择"包络"是指在墙体端点处内外面层对核心层的包覆方式。

以"在端点包络"为例。若选择"无"包络，内外面层停在端点处；若选择"外部"

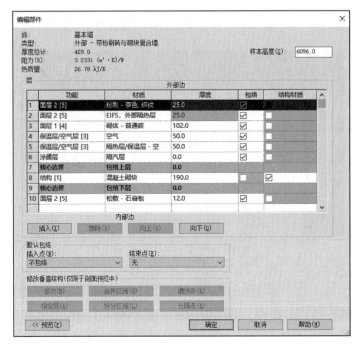

图 5-1-8　编辑墙体部件

则外面层包覆墙端；若选择"内部"则内面层包覆墙端（图 5-1-9）。

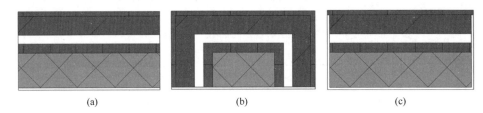

(a)　　　　　　　(b)　　　　　　　(c)

图 5-1-9　包络示意图
（a）无；（b）外部；（c）内部

（4）编辑墙体轮廓

在平面图中，选中已绘制墙体，激活"修改｜墙"选项卡，点击"模式"面板的"编辑轮廓"按钮，弹出"转到视图"对话框。选择适合的立面后，进入相应立面的绘制轮廓草图编辑模式，使用绘制栏中的绘制工具绘制封闭轮廓，单击"完成绘制"按钮，可生成封闭轮廓形状的墙体（图 5-1-10）。

（5）附着/分离顶底部

选择墙体，激活"修改｜墙"选项卡，点击"修改"面板的"附着顶部/底部"按钮后，再拾取需要附着的屋顶、天花板、楼板或参照平面。此时墙体形状自动发生变化，连接到屋顶、天花板、楼板或参照平面上。单击"分离顶部/

图 5-1-10　编辑墙体轮廓

底部"可将墙从上述平面上分离，恢复墙体的原始形状（图 5-1-11）。

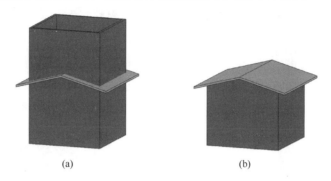

图 5-1-11　附着

（a）附着前；（b）附着后

（6）组合墙

组合墙是指在一面墙中不同高度下有多个材质。

从类型选择器中选择墙的类型，单击"编辑类型"复制创建一个新的墙体类型，点击"结构"对应的"编辑"按钮，弹出"编辑部件"对话框，点击对话框下方的"预览"按钮，在弹出边栏下方的"视图"下拉菜单中选择"剖面：修改类型属性"（图 5-1-12）。

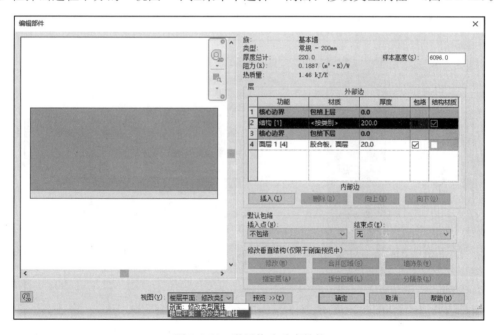

图 5-1-12　激活修改垂直结构

单击"插入"按钮，添加一个构造层，并为其指定功能、材质、厚度，使用"向上"或"向下"按钮调整其里外位置。单击"修改垂直结构"面板中的［拆分区域］按钮。在左侧剖面图上，将所选构造层拆分为上、下多个部分，可用［修改］命令修改尺寸及调整拆分边界位置，原始构造层厚度值变为"可变"。单击"插入"按钮，增加所需个数的构造层，设置其材质，厚度为 0（图 5-1-13）。

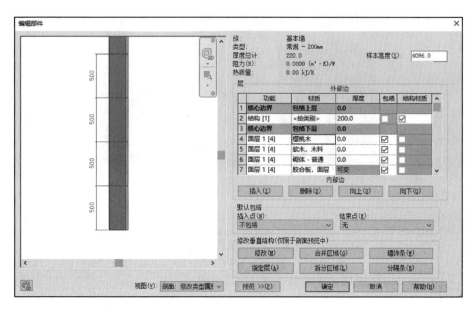

图 5-1-13　拆分区域

单击选择一个新加构造层，点击"修改垂直结构"面板中的"指定层"按钮，在左侧墙体剖面预览框中选择上步操作拆分的某个部分，指定给该层（图 5-1-14）。

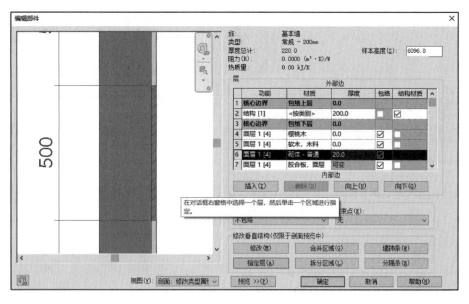

图 5-1-14　指定层

用同样操作对所有插入的层设置即可实现一面墙在不同高度有多个材质的需求（图 5-1-15）。

（7）叠层墙

叠层墙是指由若干个不同子墙（基本墙类型）相互堆叠在一起组成的墙体，可以在不同的高度定义不同的墙厚、复合层和材质。

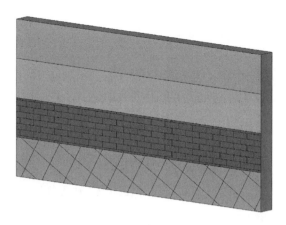

图 5-1-15　完成后效果

从"类型属性"对话框的"族"中选择叠层墙类型，例如："叠层墙：外部—砌块勒脚砖墙"。点击"编辑类型"按钮，弹出类型属性对话框，点击结构对应的"编辑"按钮弹出"编辑部件"对话框（图 5-1-16）。

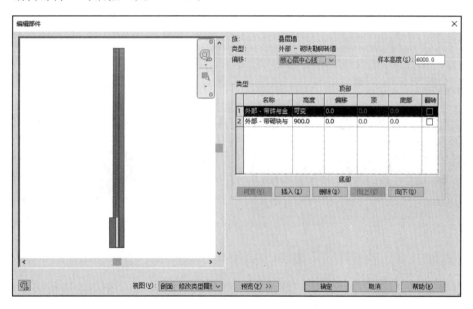

图 5-1-16　叠层墙编辑部件

"偏移"设置子墙以何种定位线位置放置。

在"类型"面板中，可以选择子墙的类型，设置子墙的高度，其中一段高度必须为"可变"，可插入、删除相应子墙，通过"向上"或"向下"操作调整位置（图 5-1-17）。

设置好后点击"确定"按钮得到需要的叠层墙（图 5-1-18）。

（8）墙饰条和分隔缝

在已经绘制好墙体的情况下，点击"建筑"选项卡里"墙"下拉菜单的"墙：饰条"。可在三维视图或立面视图中为墙添加装饰条，也可在"放置"面板选择"水平"或"垂直"放置墙饰条。将光标移动到墙上以高亮显示墙饰条位置，单击放置墙饰条（图 5-1-19）。

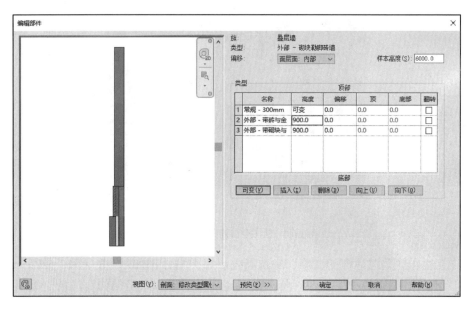

图 5-1-17　调整属性

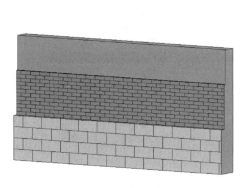

图 5-1-18　完成效果

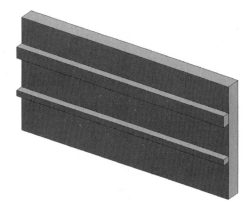

图 5-1-19　墙饰条

若要在不同位置放置墙饰条，可单击"重新放置墙饰条"按钮，进行多个墙饰条放置。

同理，分隔缝的放置方法与上述墙饰条相同，不再赘述。

3. 工程实例：一层墙体的绘制

（1）绘制一层外墙

1）根据教材给定图纸文件，在 Revit 中创建墙体

在"项目浏览器"下双击"F1"，打开一层平面视图。选择"基本墙—普通砖200mm"，单击"编辑类型"进入类型属性面板，单击复制，修改名称为"F1－宿舍－外墙－300mm"，单击确定。其构造层和限制条件设置如图 5-1-20 所示。

2）进入绘制面板，选择"直线"命令

依照给定图纸绘制一层外墙轮廓，完成后效果如图 5-1-21 所示。

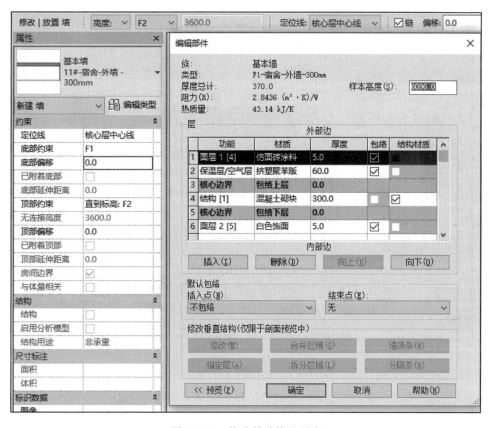

图 5-1-20 修改外墙构造层次

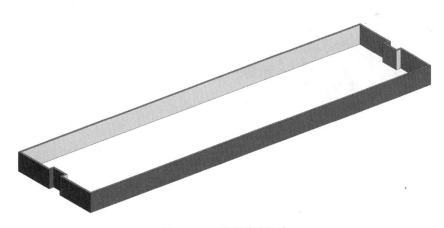

图 5-1-21 绘制外墙轮廓

（2）绘制一层内墙

通过相同的步骤将内墙绘制完毕，其命名、构造层和限制条件设置如图 5-1-22 所示。完成后的一层墙体如图 5-1-23 所示。

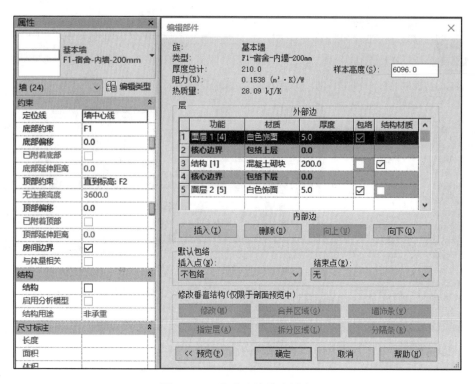

图 5-1-22 修改内墙构造层次

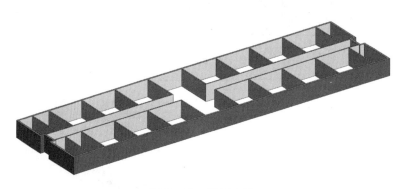

图 5-1-23 绘制内墙

5.2 门、窗的创建

1. 门、窗的概念

门、窗是常用的建筑构件，因此在模型的建立过程中，少不了对门、窗进行创建和修改。门、窗在项目中可以通过修改类型参数，如门、窗的宽、高和材质等，从而形成新的门、窗类型。

门、窗的布置依赖于墙这种主体图元，当墙体被删除时，门、窗随之也被删除。

在 Revit 中，门、窗以构件族的形式存在，如果在项目中放置门、窗，需要提前将适合的门、窗族载入项目中。由于门、窗族并非自动族，设计者可通过创建族文件的方式，自建需要的门、窗族。

2. 门、窗的放置

选择"建筑"选项卡，单击"构建"面板中的"门"或"窗"按钮，在属性栏的"类型选择器"中选择所需的门或窗类型，如若没有所需类型，则可选择从"插入"选项卡"从库中载入"面板载入。

在选定好的楼层平面内，点击"修改｜放置门（窗）"选项卡中"标记"面板上的"在放置时进行标记"按钮，放置门窗后即自动标记门窗。在"选项栏"中，勾选"引线"，则可设置引线长度。移动光标至已绘制好的墙体上单击放置即可（图 5-2-1）。

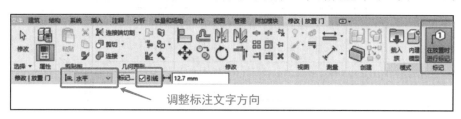

图 5-2-1　在放置时进行标记

门窗插入技巧如下：

（1）只需在大致位置插入门窗。然后单击已插入门窗，通过修改临时尺寸标注或尺寸标注来精确定位（图 5-2-2）。

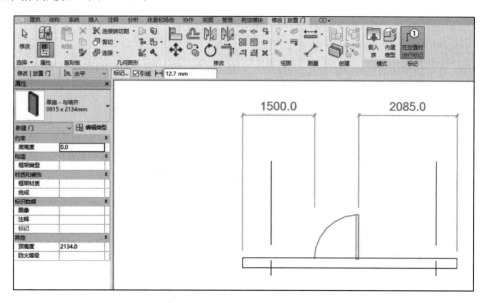

图 5-2-2　插入门

当"临时尺寸标注"位置无法满足要求时（如不在轴线间标注），可通过"管理"选项卡中"设置"面板下的"其他设置"中"临时尺寸标注"选项，在弹出的对话框中对临时尺寸标注属性进行修改（图 5-2-3）。

（2）插入门窗时使用快捷键"SM"，可自动捕捉到中点插入。门、窗插入后，可在平面视图中单击"翻转符号"来翻转门窗开启方向，或按空格键进行翻转（图 5-2-4）。

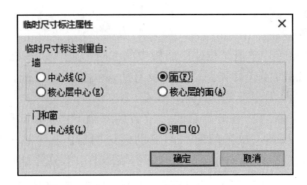

图 5-2-3　临时尺寸标注属性

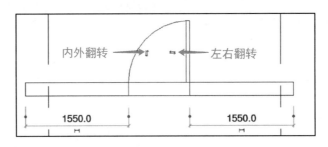

图 5-2-4　调整开启方向

（3）单击已插入的门或窗，激活"修改｜门"选项卡。

（4）选择"主体"面板的"拾取新主体"命令，并点击目标墙体，可使门或窗更换放置主体墙，即将门或窗移动放置到其他墙上（图 5-2-5）。

图 5-2-5　拾取新主体

也可使用"移动"命令，并在弹出的"工具栏"中勾选"分开"，可实现相同效果（图 5-2-6）。

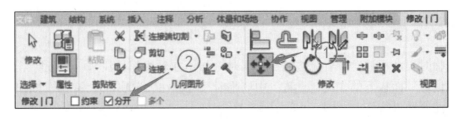

图 5-2-6　通过"分开"命令调整位置

（5）通过修改属性栏中的"底高度"，来改变门、窗相对高度。

（6）于约束标高的偏移。其数值为正时，向上偏移，数值为负时向下偏移。

当在平面视图下放置门、窗时，所放置门、窗的标高约束即为当前平面视图的标高；当在立面视图下放置门、窗时，所放置门、窗的标高约束为放置位置下方的第一条标高。

3. 编辑门窗

选择已放置好的门、窗，自动弹出上下文选项卡"修改｜门/窗"，在"属性"菜单内，可修改门、窗的标高、底高度、顶高度等实例参数。

单击"编辑类型"，弹出"类型属性"对话框。单击"复制"可在当前门、窗族下创建新的门、窗类型。可根据项目需要修改门、窗的高度、宽度，门、窗底高度以及框架和玻璃嵌板的材质等可见性参数，然后点击"确定"即可完成修改，如果是通过"复制"在当前门、窗族下创建新的类型，则修改的"类型属性"参数只对随后放置的门、窗产生变化，对之前放置的门、窗参数不产生影响。

选择已绘门、窗，出现方向控制符号和临时尺寸，单击可改变开启方向和位置尺寸，也可用鼠标拖动门窗改变门窗位置，原墙体洞口位置自动复原。

4. 工程实例：门、窗的放置

以一层门、窗的放置为例：

（1）在之前绘制好的一层墙体上放置门、窗

在"项目浏览器"下双击"F1"，打开一层平面视图。在功能区选项卡"建筑"下选择"窗"命令，在类型选择器中选择"组合窗－双层单列（推拉＋固定＋推拉）2400×2000mm"（注意：如果需要其他类型，可通过"载入族"的方式将需要的族添加到项目中）。打开"编辑类型"，在类型属性中选择"复制"，给新的类型命名为"C2723"（图5-2-7）。

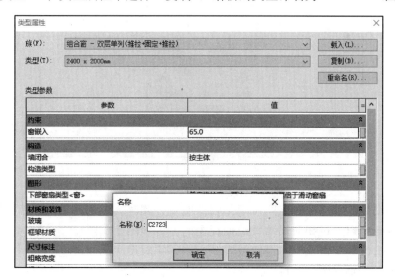

图 5-2-7 通过复制新建

将"宽度"和"高度"分别修改为2700、2300。点击"确定"完成编辑（图5-2-8）。

激活上下文选项卡中的"在放置时进行标记"，以便对放置好的窗进行自动标记，并通过"选项栏"中的选项来调整标记的方式（图5-2-9）。

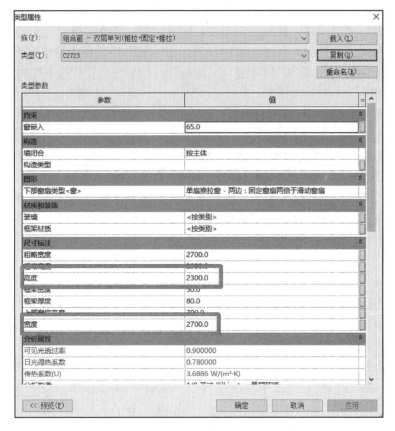

图 5-2-8　调整门的高度和宽度

图 5-2-9　设置标记参数

　　将光标移动到②轴、③轴之间位于①轴的墙上，此时会出现窗与周围墙体距离的蓝色相对尺寸，这样可以通过相对尺寸大致捕捉窗的位置（图 5-2-10）。

　　在墙上合适位置单击鼠标左键以放置窗，调整临时尺寸标注蓝色的控制点，拖动蓝色控制点到②轴、③轴（图 5-2-11）。

　　在平面视图中，选择放置好的窗，可以通过单击控制符号或者按空格键翻转窗，调整窗的内、外开启方向（图 5-2-12）。

　　与窗不同的地方，在选中放置好的门时，会相应多出一组控制符号，用来控制门的左、右开启方向。此时单击相应的控制符号，可改变门的开启方向，如果单击空格键，则在内开、外开、左开、右开间轮流循环（图 5-2-13）。

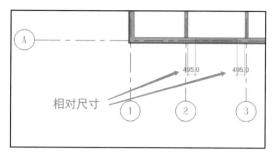

图 5-2-10　相对尺寸

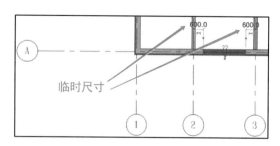

图 5-2-11　临时尺寸

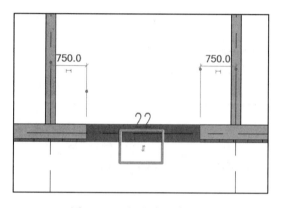

图 5-2-12　调整窗开启方向

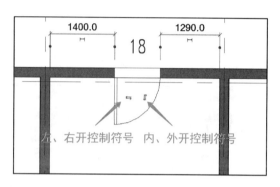

图 5-2-13　调整门开启方向

（2）调整门、窗标记内容

在放置门、窗时，系统自动生成标记内容可能并不是所需内容，需要进行调整。选择刚才放置的窗的标记"22"（图 5-2-14）。

在弹出的上下文选项卡中选择"编辑族"，进入"标记_窗.rfa"编辑模式。选择绘图区中央的"标签"，在弹出的上下文选项卡中选择"编辑标签"（图 5-2-15）。

在弹出的"编辑标签"对画框中，可以看到当前被添加的标签为"类型标记"（图 5-2-16）。

可通过调整"编辑标签"对话框中的内容，来改变标记内容的类别，此处受篇幅所限，不再详述。

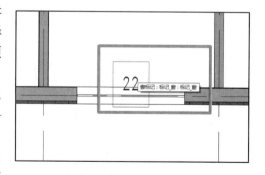

图 5-2-14　窗标记族

依次关闭对话框和标记族编辑页面，选择已放置的窗，在属性栏中选择编辑类型，在弹出的对话框内"标识数据"中找到"类型标记"，将其值由"22"改为 C2723，点击"确定"使设置生效（图 5-2-17）。

标记的位置可通过拖拽的方式进行调整。

同理，依照教材给定的 CAD 图纸，将一层相应的门、窗放置完毕。

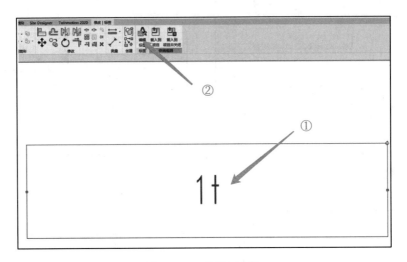

图 5-2-15 编辑标记族

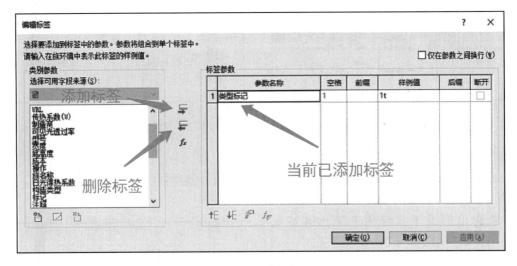

图 5-2-16 编辑标签

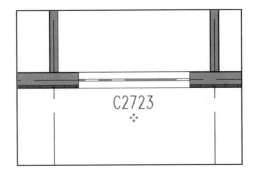

图 5-2-17 完成效果

5.3　幕　墙　的　创　建

幕墙是现代建筑设计中被广泛应用的一种建筑构件，在 Revit 中幕墙由幕墙网格、竖梃和幕墙嵌板组成，其中竖梃依附于幕墙网格，当幕墙网格被删除时，附着在幕墙网格上的竖梃同时会被删除。幕墙是墙体的一种特殊类型，其绘制方法和常规墙体相同，并具有常规墙体的各种属性。幕墙默认有幕墙、外部玻璃和店面三种类型（图 5-3-1）。

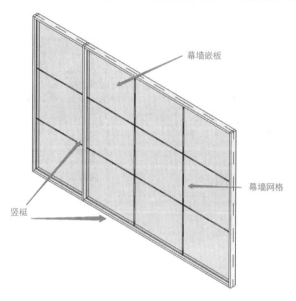

图 5-3-1　幕墙组成

1. 绘制幕墙

通过功能区"建筑"选项卡，激活"墙"命令，在类型浏览器中选择所需幕墙类型，即可在"修改｜放置墙"上下文选项卡的"绘制栏"中选择适合的绘制工具进行绘制。

提示：由于幕墙嵌板默认是由平面组成，绘制弧形幕墙需要添加垂直幕墙网格，才能正常显示由幕墙嵌板拼合而成的弧线（图 5-3-2）。

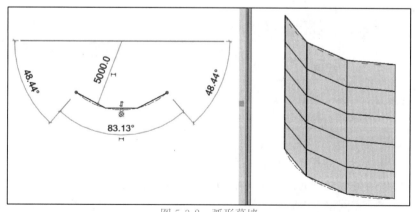

图 5-3-2　弧形幕墙

高度设置方法与普通墙一致，可以在选项栏也可在属性面板的限制条件中设置。

提示：在选项栏设置墙高时，要注意选择"高度"还是"深度"。

2. 编辑幕墙立面轮廓

选中绘制好的幕墙，在激活的"修改｜墙"上下文选项卡中，单击"编辑轮廓"即可像基本墙一样任意编辑其立面轮廓。如需重新编辑轮廓，选择"重设轮廓"即可（图 5-3-3）。

3. 幕墙属性的编辑

选择幕墙，自动激活"修改｜墙"上下文选项卡，出现"属性"面板。在限制条件中可以输入幕墙的高度参数（图 5-3-4）。

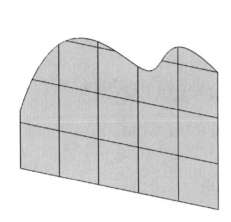

图 5-3-3　编辑轮廓　　　　　　　　图 5-3-4　高度属性

网格样式分为垂直网格和水平网格，编号（即网格数量）和对正可在设置类型属性后进行调整（图 5-3-5）。

尺寸标注中自动计算该幕墙的长度与面积（图 5-3-6）。

垂直网格	
编号	2
对正	起点
偏移	0.0
水平网格	
编号	4
对正	起点
偏移	0.0

尺寸标注	
长度	7254.1
面积	58.033 m²

图 5-3-5　网格样式　　　　　　　　图 5-3-6　尺寸标注

单击"编辑类型"打开"类型属性"对话框，勾选"自动嵌入"，可在幕墙所插入的普通墙上剪切出与幕墙外部轮廓等大的洞口，以便将幕墙显露（图 5-3-7）。

通过调整"垂直网格""水平网格""垂直竖梃"和"水平竖梃"的参数，可改变幕墙网格的布局和属性（图 5-3-8）。

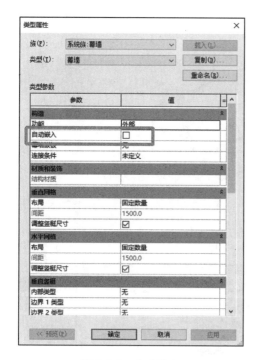

图 5-3-7 自动嵌入

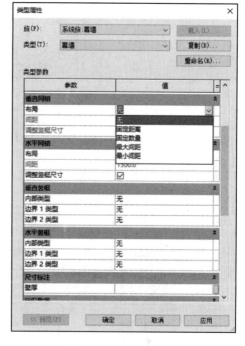

图 5-3-8 调整网格样式

其中"垂直竖梃"与"水平竖梃"中的"内部类型"选项是指幕墙除轮廓线之外网格线上附着的竖梃。"垂直竖梃"中的"边界 1 类型"和"边界 2 类型"分别是指幕墙正视图中的左、右两侧轮廓线上所附着的竖梃。"水平竖梃"中的"边界 1 类型"和"边界 2 类型"分别是指幕墙正视图中的下、上部轮廓线上所附着的竖梃（图 5-3-9）。

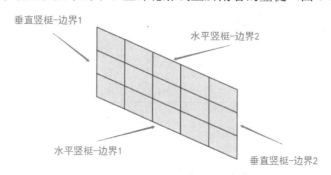

图 5-3-9 网格边界示意

也可以手动对幕墙网格间距进行调整，在三维视图中选择幕墙网格，点击出现的"锁定"图标，解除网格线的锁定，使用临时尺寸标准来调整间距（图 5-3-10）。

提示：在选择不到网格时，可以按下 Tab 键切换选择。

可将幕墙嵌板替换为门、窗（此类门、窗族是由幕墙嵌板的族样板制作而成）或者是实体墙。从族库中载入需要的嵌板类型，在项目中选中要替换的嵌板，在类型浏览器选择替换的嵌板，即可进行替换（图 5-3-11）。

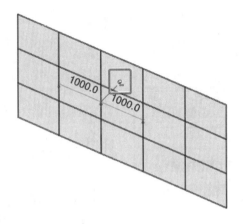

图 5-3-10　解除锁定网格线

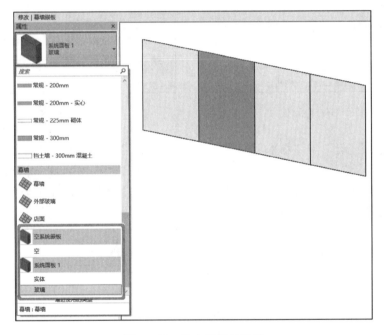

图 5-3-11　选中嵌板并替换

4. 手动创建幕墙网格和竖梃

在功能区"建筑"选项卡中选择"幕墙网格"和"竖梃"命令，可在绘制好的幕墙上添加幕墙网格和竖梃。而"幕墙系统"命令可在体量面上创建幕墙，其功能类似于绘制栏中的"拾取面"命令（图 5-3-12）。

图 5-3-12　构建幕墙

（1）放置网格

激活"幕墙网格"命令，有三种放置方式，如图5-3-13所示。

其中"全部分段"为沿幕墙的水平或垂直方向通长放置一条网格线，其起点与终点均与幕墙轮廓边界相交；"一段"为仅在鼠标指针悬停的嵌板上沿水平或垂直方向通长放置一条网格线，其起点与终点均与嵌板轮廓边界相交；"除拾取外的全部"为通过点选排除一条通长放置的网格线中的一段或者几段（图5-3-14）。

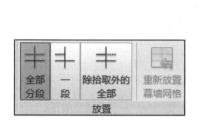

图 5-3-13　放置网格线命令

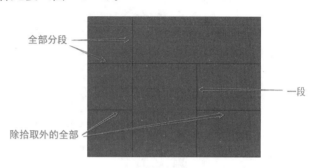

图 5-3-14　放置网格线

（2）修改网格

自定义放置网格后，可通过选中已放置的网格线，在弹出的上下文选项卡"添加/删除线段"功能进行调整（图5-3-15）。

（3）放置竖梃

与"幕墙网格"命令类似，激活"竖梃"命令后，可看到也有三种放置方式（图5-3-16）。

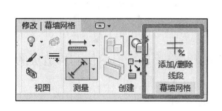

图 5-3-15　修改网格线

图 5-3-16　放置竖梃

其中"网格线"为在一条通长网格线上放置竖梃；"单段网格线"为在一段网格线上放置竖梃；"全部网格线"为在所有网格线（包括边界轮廓）上放置竖梃。

5.4　建筑楼板的创建

楼板是建筑中最常用的水平构件，主要目的是用来承担荷载和划分空间区域。楼板属于系统族，可无需通过样板自行建立，便可利用软件的楼板系统族进行创建。

在实际项目中，将楼板分为建筑楼板和结构楼板，是根据专业间特性不同进行划分的，建筑楼板与结构楼板在创建与编辑上并无差别，只是结构楼板可以进行配筋，同时结构楼板可与其他结构构件进行扣减，建筑楼板则不具备以上特性。

1. 创建楼板

在功能区"建筑"选项卡中激活"楼板"命令，在属性栏的"类型选择器"中选择需要创建的楼板类型，并点击"编辑类型"，在弹出的"类型编辑"对话框中调整参数至符合项目要求（图 5-4-1）。

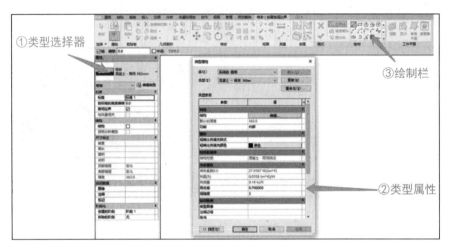

图 5-4-1　创建楼板

通过绘制栏中的"线""矩形"及"圆形"等绘制工具，创建封闭楼板轮廓，也可单击"拾取墙"命令，拾取已绘制的墙体模型，完成楼板轮廓的输入。如需偏移，可在工具栏中设置楼板边缘偏移量数值（图 5-4-2）。

图 5-4-2　设置偏移

"延伸到墙中心（至核心层）"是指拾取墙时将拾取到有涂层和构造层的复合墙的核心边界位置。

"链"是指连续画线；"半径"是指倒角所需半径。

使用"拾取墙"命令时，将鼠标移至墙体上，按 Tab 键可切换选择方式，可一次选中所有外墙单击生成楼板边界。若出现交叉线条，可使用"修剪（快捷键 TR）"命令进行编辑，改为封闭楼板轮廓。完成草图绘制后，单击"完成编辑模式（绿色对号）"即可生成楼板（图 5-4-3）。

如果需要修改楼板平面形状，则可以选择已绘制楼板，激活上下文选项卡"修改 | 楼板"，点击"模式"面板上的"编辑边界"命令，可修改楼板边界形状。进入绘制轮廓草图模式，通过绘制面板下的命令，进行楼板边界的修改。该功能可以将楼板修改成异形轮廓，也可在楼板边界线内直接绘制洞口轮廓（闭合轮廓，如图 5-4-4 所示）。

如若上下层楼板完全一致，可选择使用剪贴板面板上的"复制到剪贴板"工具。点击已绘制楼板，激活"修改 | 楼板"选项卡，单击"剪贴板"面板上的"复制到剪贴板"，打开"粘贴"的下拉菜单，点选"与选定的标高对齐"，在对话框中选择要复制到的楼层即可（图 5-4-5）。

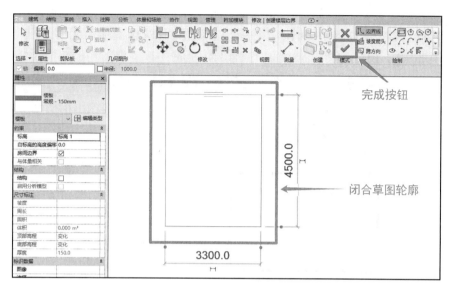

图 5-4-3　绘制并完成编辑

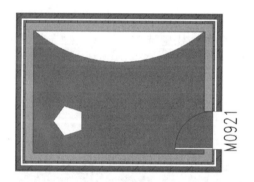

图 5-4-4　编辑边界效果

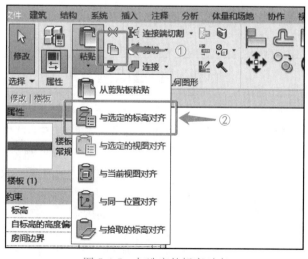

图 5-4-5　与选定的标高对齐

在编辑楼板模式下，选择"绘制"面板上的"坡度箭头"命令，绘制坡度箭头，可使楼板按要求倾斜。在属性类型对话框"约束"中设置"尾高度偏移"或"坡度"值，点击"确定"完成绘制（图5-4-6）。

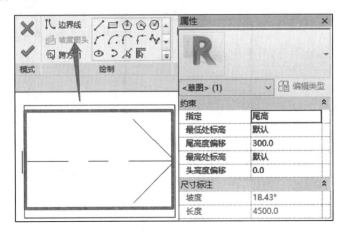

图5-4-6　坡度箭头

2. 编辑楼板

选中需要编辑的楼板，在属性栏中选择"编辑类型"打开"类型编辑"对话框，在"结构"下点击编辑，在"编辑部件"对话框中可对该楼板的构造层次进行编辑，此处与墙体构造层次的编辑方式相同，不再赘述（图5-4-7）。

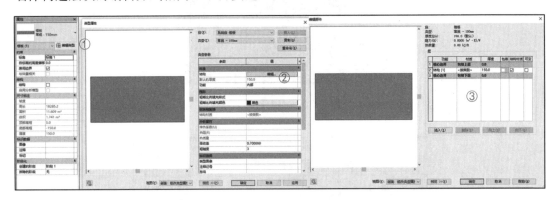

图5-4-7　编辑楼板属性

修改子图元步骤如下：

选择需要编辑的楼板，激活"修改｜楼板"选项卡，单击"形状编辑"面板上的"修改子图元"进入"点"编辑状态，单击需要修改的点，在点的右侧会出现"0"数值，该数值表示与楼板的相对标高的偏移，可以通过修改其数值使该点高出或低于楼板的相对标高（图5-4-8）。

通过"添加点"或"添加分割线"可改变楼板平面内形状。例如常见的三坡坡道，通过"添加分割线"将楼板分割为三块，再修改边角点的坐标，以形成坡道（图5-4-9）。

此时生成的坡道，在边界处仍体现楼板的厚度，如无需体现，则需要在"类型属性"的"结构"中，将无需体现的构造层次后的"可变"勾选即可（图5-4-10）。

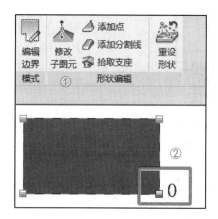

	功能	材质	厚度	包络	结构材质	可变
1	核心边界	包络上层	0.0			
2	结构 [1]	<按类别>	150.0	☐	☑	☑
3	核心边界	包络下层	0.0			

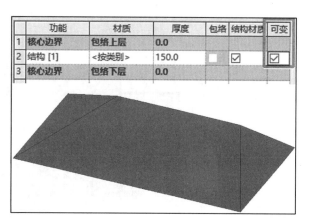

图 5-4-8　修改子图元　　　　　　　　　图 5-4-9　勾选可变

图 5-4-10　未勾选可变

5.5　屋顶的创建

在 Revit 中提供多种建屋顶工具，如迹线屋顶、拉伸屋顶及面屋顶等。此外，对于一些造型特殊的屋顶，还可以通过内建模型来创建。

屋顶的创建方式部分与楼板相同，而构造层次的创建与修改与楼板是一样的。

1. 迹线屋顶的创建

（1）平屋顶、坡屋顶

选择功能区选项卡中"屋顶"命令，可直接激活"迹线屋顶"，也可通过"屋顶"命令的下拉菜单来激活该命令。命令激活后，进入屋顶轮廓草图编辑模式，激活"创建屋顶迹线"选项卡后，可通过绘制栏中的"线""矩形"等绘图工具来创建屋顶的轮廓草图，也可使用"拾取墙"功能，直接选择已创建墙体来生成屋顶草图轮廓。

在工具栏中勾选"定义坡度"，设定悬挑参数值，同时勾选"延伸到墙中（至核心层）"，拾取墙是将拾取到有涂层和构造层的复合墙体的核心边界位置（仅拾取墙功能下有此选项）。

确认轮廓闭合后点击"完成"生成屋顶（图 5-5-1）。

（2）锥形屋顶

通过绘制圆形轮廓线来生成锥形屋顶，激活"迹线屋顶"命令，通过绘制栏中的"圆

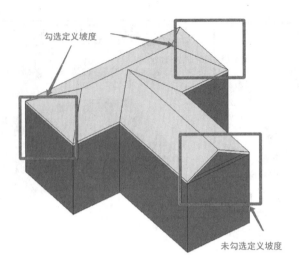

图 5-5-1　勾选/未勾选定义坡度

形"等绘制弧线工具绘制闭合轮廓草图，也可通过"拾取墙"命令拾取已绘制墙体，在选项栏勾选"定义坡度"，设置屋面坡度。单击"完成"结束绘制，生成屋顶（图 5-5-2）。

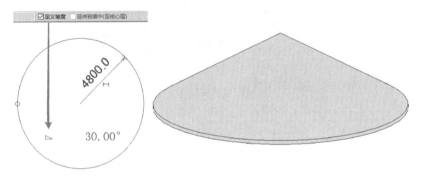

图 5-5-2　锥形屋顶

（3）通过坡度箭头定义坡度

激活"迹线屋顶"命令，通过绘制栏中的"线"等绘制弧线工具绘制闭合轮廓草图，也可通过"拾取墙"命令拾取已绘制墙体，在选项栏取消勾选"定义坡度"，改用坡度箭头定义坡度，在通常情况下，坡度箭头所指方向为最高点。完成后点击"完成编辑模式"，生成屋顶（图 5-5-3）。

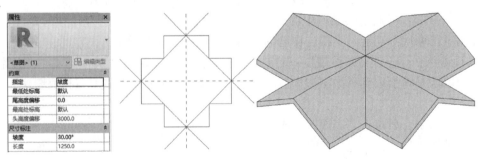

图 5-5-3　通过坡度箭头定义坡度

2. 编辑迹线屋顶

选择已创建的迹线屋顶，在弹出的上下文选项卡"修改｜屋顶"中选择"编辑迹线"可以修改屋顶轮廓草图；在属性栏中选择"编辑类型"，打开"类型属性"对话框，可修改所选屋顶的标高、偏移、截断层、椽截面、坡度等参数；在"类型属性"中可设置屋顶的构造（结构、材质、厚度）、粗略比例填充样式等（图 5-5-4）。

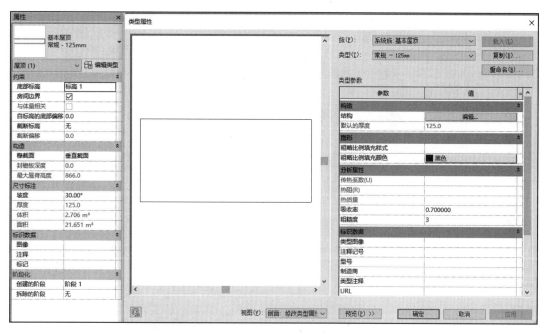

图 5-5-4　编辑屋顶轮廓

如需将两个屋顶相连接，单击"修改"选项卡上"几何图形"面板的"连接/取消连接屋顶"命令，然后点击需要连接的屋顶边缘及要被连接的屋顶，完成连接屋顶（图 5-5-5）。

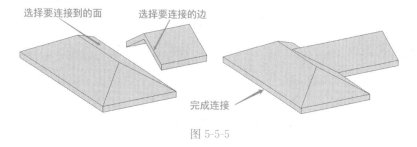

图 5-5-5

3. 拉伸屋顶

对于从平面上不能创建的屋顶、异形屋顶或等截面的屋顶，可以在立面视图中使用拉伸屋顶创建模型。

（1）创建拉伸屋顶

单击"建筑"选项卡中"构建"面板上的"屋顶"下拉菜单，选择"拉伸屋顶"命令，进入绘制屋顶轮廓草图模式。在随后弹出"工作平面"对话框中设置工作平面（选择参照平面或轴网绘制屋顶的截面线），选择工作视图（立面、框架立面、剖面或三维视图都可作为操作视图）（图5-5-6）。

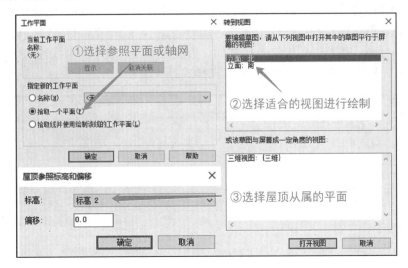

图5-5-6　创建拉伸屋顶

　　绘制屋顶的截面线无需闭合，单线绘制即可，在属性栏的"约束"下调整"拉伸起点"和"拉伸终点"的参数，可控制屋顶另一个方向的长度，单击"完成"绘制生成模型（图5-5-7）。

图5-5-7　控制拉伸屋顶长度

　　（2）编辑拉伸屋顶
　　编辑拉伸屋顶的方法和编辑迹线屋顶是相同的，具体内容请参照本教材"编辑迹线屋顶"相关内容。

5.6　洞口的创建

　　"洞口"工具（图5-6-1）：使用"洞口"工具可以在墙、楼板、天花板、屋顶、结构梁、支撑和结构柱上等可以选择构件表面剪切洞口。其中包括：按面、竖井、墙、垂直及老虎窗五种类型。

图5-6-1　使用"洞口"工具

1. 按面

使用"按面"洞口命令可以创建垂直于楼板、天花板、屋顶、梁、柱子、支架等选定面的剪切洞口。操作时可以在平面、立面或三维视图创建面洞口（图5-6-2）。

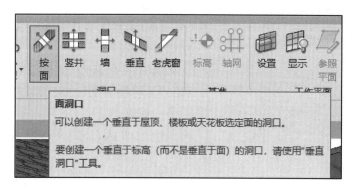

图 5-6-2 选择"按面"洞口

具体操作步骤如下：

（1）选择功能区选项卡"洞口"面板中"按面"工具按钮并单击（图5-6-2），选择"按面"洞口。

（2）移动光标，拾取相应构件（楼板、天花板等）的斜面、水平面或垂直面，功能区显示"修改｜创建洞口边界上"上下文关联选项卡（图5-6-3）。

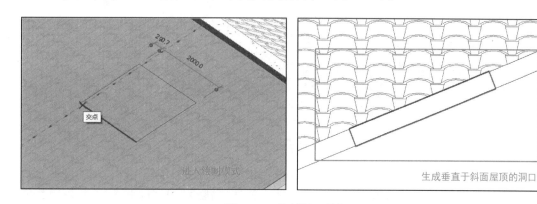

图 5-6-3 绘制洞口形状

（3）进入绘制模式，选择相应工具绘制洞口形状。

（4）点击"√"完成绘制模式，生成洞口。

2. 竖井

通过"竖井"洞口可以创建一个跨越多个标高的竖直洞口，该洞口可以对贯穿其间的屋顶、楼板、天花板进行剪切。

在建筑信息模型绘制时，对于楼梯间洞口、电梯井洞口、风道洞口等在整个建筑高度方向上洞口形状大小完全一致情况，则可以用"竖井洞口"命令创建。需要注意的是：竖井需要在平面视图中绘制（图5-6-4）。

具体操作步骤如下：

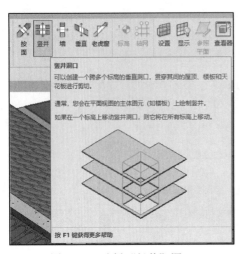

图 5-6-4　选择"竖井"洞口

（1）切换相应的平面视图，到"建筑"选项卡中的"洞口"面板中单击"竖井"命令。

（2）进入"修改｜创建竖井草图"上下文关联选项卡。

（3）根据图纸尺寸要求，选择相应工具绘制竖井草图。

（4）在"属性"面板中对洞口的"底部偏移""无连接高度""底部限制条件"及"顶部约束"赋值。

（5）确认高度及水平草图无误，点击"√"完成编辑模式，生成竖井洞口。

案例练习：根据已经绘制好的 11 号宿舍楼模型，绘制楼梯间竖井洞口，高度底部约束为标高 F1，顶部约束到标高 F5，顶部偏移为 0（图 5-6-5）。

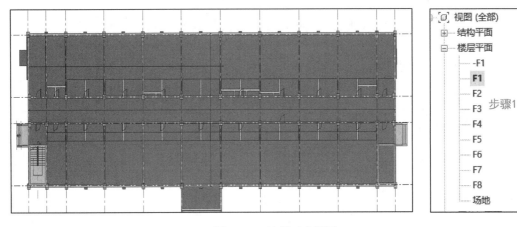

图 5-6-5　选择对应楼层

3. 墙

"墙"洞口工具，可以在直线、弧线常规墙上快速创建矩形洞口，并用参数控制其位置及大小。

该工具可以在平面、立面、三维视图中创建墙洞口。

具体操作步骤如下：

（1）选择功能区选项卡"洞口"面板中"墙"工具按钮并单击（图 5-6-6）。

（2）移动光标单击拾取一面直墙或弧形墙体，光标变成"十字光标＋矩形"，进入绘制状态，可以输入洞口的起点、终点，可直接生成洞口。

（3）对洞口进行编辑，可以直接拉伸，或通过属性面板修改限制条件，包括顶部偏移、底部偏移、连接高度、底部约束、底部偏移等。

（4）根据具体图纸要求，可以使用工具栏进行移动、复制、阵列等编辑命令（图 5-6-7）。

4."垂直"洞口

"垂直"洞口工具，可以在楼板、天花板、屋顶或屋檐板上剪切出垂直于标高的洞口。

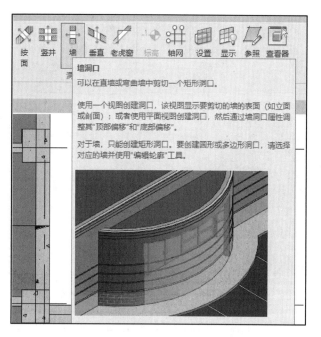

图 5-6-6 选择"墙"洞口

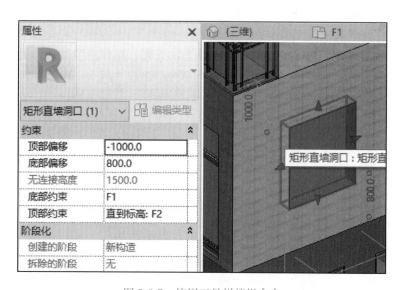

图 5-6-7 使用工具栏编辑命令

该工具可以在平面或三维视图中创建垂直洞口。

具体操作步骤如下：

（1）选择功能区选项卡"洞口"面板中"垂直"工具按钮并单击（图 5-6-8）。

（2）移动光标单击拾取楼板、天花板、屋顶或屋檐底板，进入"修改｜创建洞口边界"上下文关联选项卡，进入洞口边界草图编辑模式。

（3）按照图纸要求绘制，绘制相应尺寸垂直洞口，单击"√"完成编辑模式，生成垂直洞口。

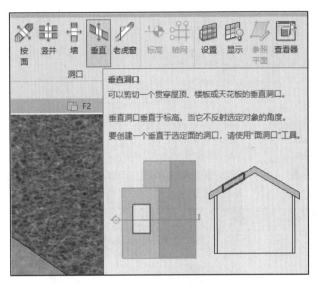

图 5-6-8 选择"垂直"洞口

（4）绘制完成后，如要对垂直洞口进行编辑，选择洞口，单击"修改｜屋顶洞口剪切"选项卡中的"编辑草图"按钮，洞口边界高亮显示，重新进入绘制模式，使用工具栏进行移动、复制、阵列等编辑命令（图 5-6-9）。

5. "老虎窗"洞口工具

老虎窗又称为老虎天窗，是一种开在屋顶上的天窗，用作房屋顶部的采光和通风。老虎窗主要由顶板、正立面墙、两侧墙以及窗体等构件组成（图 5-6-10a）。老虎窗的材料与

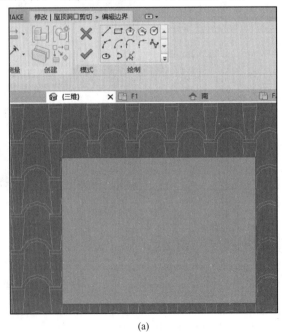

(a)

图 5-6-9 使用工具栏编辑命令（一）

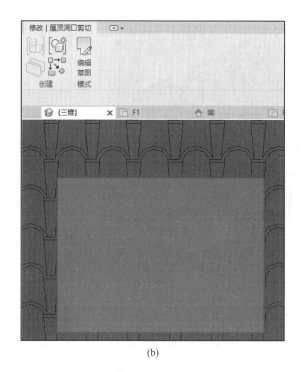

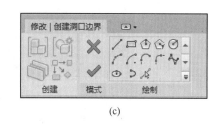

(c)

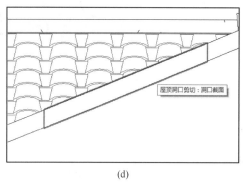

(b)　　　　　　　　　　　　　　(d)

图 5-6-9　使用工具栏编辑命令（二）

屋面板相同，一般为混凝土现浇而成。顶板考虑保温与防水要求，顶板上表面与屋面施工做法相同，顶板下表面与屋顶室内天棚施工做法相同。两侧墙外侧、顶板的三个侧面、正立面墙外侧与外墙面装修施工做法相同。内墙面装修与室内房间施工装修做法相同。

"老虎窗"洞口是比较特殊的洞口，需要同时水平和垂直剪切屋顶。

老虎窗的绘制其实就是三面墙和两个屋顶的组合（图 5-6-10b）。

具体操作步骤如下：

（1）在相应的坡屋顶层用"迹线屋顶"绘制双坡子屋顶。

（2）沿老虎窗子屋顶绘制三面矮墙（注意设置距离屋顶边缘的偏移值）。再把三面矮墙的底部附着于大屋顶、顶部附着子屋顶。

（3）使用"连接几何图形"工具将老虎窗屋顶连接到主屋顶。

（4）切换至屋顶平面，并临时隐藏子屋顶，启动"老虎窗洞口"命令，移动光标选择模型主屋顶。

（5）进入"修改｜编辑草图"状态，"拾取屋顶/墙边缘"按钮处于活跃状态，可以开始拾取三面矮墙的内边线，子屋顶的内边线选中时五条边线高亮显示，即为创建老虎窗洞口的五条边界线（图 5-6-11）。

提示：拾取边界后，不需要修剪成封闭轮廓，系统会自动创建老虎窗。

（6）点击"√"完成编辑模式，完成绘制，生成老虎窗洞口。

（7）隐藏老虎窗或者设置剖面，可以看到主屋面上所开的老虎窗洞口（图 5-6-12）。

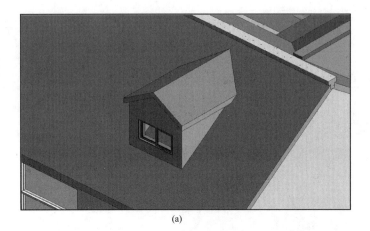

(a)

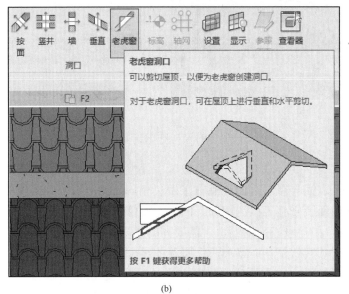

(b)

图 5-6-10 选择"老虎窗"洞口

图 5-6-11 拾取屋顶/墙边缘

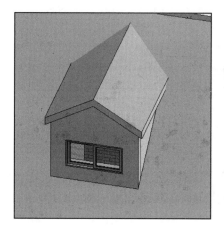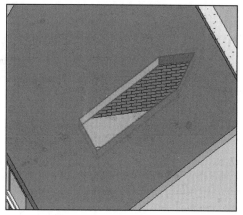

图 5-6-12　隐藏老虎窗

5.7　天花板的创建

天花板的创建

1. 天花板概述

天花板位于一座建筑物室内顶部表面的位置，是对装饰室内屋顶材料的
总称。在室内设计中，天花板具有可以写画、油漆美化室内环境及安装吊灯、光管、吊
扇、开天窗、装空调，改变室内照明及空气流通的效用。

使用 Revit 软件中"天花板"工具可以快速创建室内天花板，创建天花板的过程与创
建楼板、屋顶的过程相似，但 Revit 为"天花板"工具提供了更为智能的自动查找房间边
界的功能。"天花板"工具需要在平面视图中运行，会生成平面所在标高之上制定距离的
基本天花板或复合天花板。

2. 具体操作步骤

（1）切换至"建筑"主选项卡，单击"构件"子选项卡中的"天花板"按钮
（图 5-7-1a），弹出"修改 | 放置 天花板"选项卡，其中包括"自动创建天花板"和"绘
制天花板"两种生成天花板方式（图 5-7-1b）。

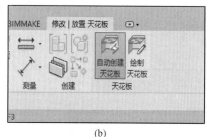

| (a) | (b) |

图 5-7-1　选择"天花板"

（2）单击"属性"按钮，可以修改天花板类型，包括复合天花板和基本天花板。

（3）根据要求设置天花板的放置标高和相对于标高偏移的高度。

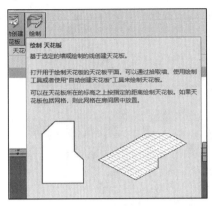

图 5-7-2　绘制天花板

（4）创建天花板的常用方法有两种：

第一种方式：选择"绘制天花板"工具（图 5-7-2），出现"修改｜创建天花板边界"上下文关联选项卡，绘图区灰色显示，进入天花板轮廓草图编辑模式，运用拾取墙或其他"绘制"工具，可以自行绘制天花板边界（图 5-7-3）。

第二种方式：单击"自动创建天花板"按钮后，移动鼠标到想要设置天花板的房间，可以自动捕捉房间区域并高亮显示，单击后直接在以墙为界限的面积内自动创建天花板（图 5-7-4）。

（5）切换至默认三维视图，单击"属性"面板中的"剖面框"按钮，再单击并拖曳剖面框右侧的向左图标箭头，即可查看天花板的三维效果（图 5-7-5）。

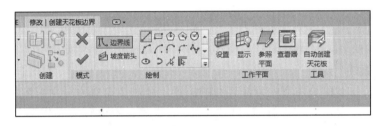

图 5-7-3　选择天花板边界线

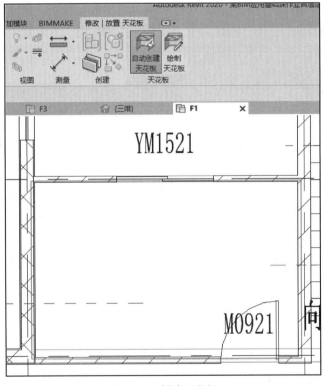

图 5-7-4　创建天花板

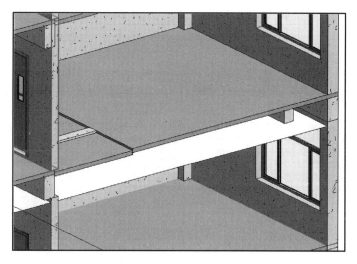

图 5-7-5 天花板三维效果图

3. 实训练习

请练习绘制 11 号宿舍楼一层房间的任意天花板，自标高 F1 的高度偏移距离为 2800。设置为 600×1200 轴网复合天花板名称为"11 号宿舍楼天花板"，结构层厚度为 30，面层石膏板厚度为 10。

操作提示：

（1）切换 F1 平面视图，至"建筑"主选项卡，单击"构件"子选项卡中的"天花板"按钮 ，弹出"修改｜放置天花板"选项卡。

（2）在"属性"选项板的类型选择器中修改天花板的类型为"复合天花板"，下拉菜单选择"600×1200 轴网"，复制命名为"11 号宿舍楼天花板"，设置自标高 F1 的高度偏移距离为 2800。

（3）点击单击"工具"面板中的"自动创建天花板"按钮 ，单击在以墙为界限的房间内创建天花板。

提示：在 Revit 中可以设置带单边坡度的天花板。具体创建方法前三步与"绘制天花板"的方法一样。

（4）利用"修改"选项卡下的"绘制"面板里"边界线"下的各种工具画天花板的边界线添加坡度箭头（图 5-7-6）。

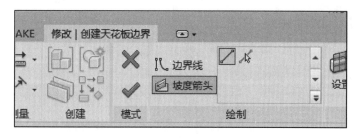

图 5-7-6 创建天花板边界

（5）根据需求，在属性栏中设置坡度箭头的属性，包括"最高处标高""最低处标高""尾高度偏移""头高度偏移"。属性设置好之后点击"√"即可完成天花板的创建（图 5-7-7）。

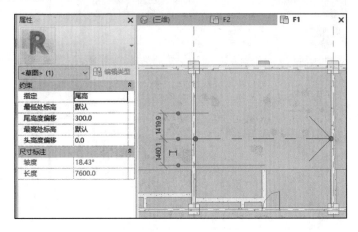

图 5-7-7　设置坡度箭头

但是在平时的生活中不仅只有单坡度和平天花板，如果遇到其他双坡屋顶，就需要自行建天花板的族。

5.8　楼梯与扶手的创建

楼梯是建筑物中楼层间垂直交通用的构件，由连续梯级的梯段（或者梯跑）、平台和围护构件等组成（图 5-8-1）。楼梯的最低和最高一级踏步间的水平投影距离为梯长，梯级的总高为梯高。在设电梯的高层建筑中必须设置楼梯。楼梯分普通楼梯和特种楼梯两大类。普通楼梯包括钢筋混凝土楼梯、钢楼梯和木楼梯等，其中钢筋混凝土楼梯在结构刚度、耐火、造价、施工及造型等方面具有较多的优点，应用最为普遍。特种楼梯主要有安全梯、消防梯和自动梯三种。

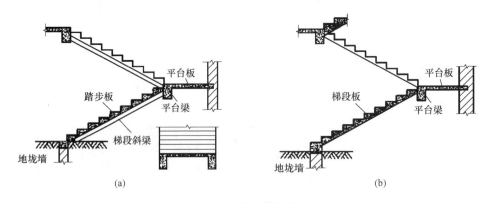

图 5-8-1　两大楼梯分类

普通楼梯可按材料分为钢筋混凝土楼梯、钢楼梯及木楼梯等。

钢筋混凝土楼梯的施工方法有整体现场浇筑的、预制装配的、部分现场浇筑和部分预制装配的三种。钢楼梯用于厂房和仓库等，在公共建筑中，多用作消防疏散楼梯。木楼梯因不能防火，应用范围受到限制。

按梯段结构形状分为：单跑楼梯、双跑楼梯、多跑楼梯。单跑楼梯最简单，适合层高较低的建筑；双跑楼梯最常见，有双跑直上、双跑曲折、平行双跑对折等形式，适用于一般民用建筑和工业建筑。

其他形式还有：剪刀楼梯，由一对方向相反的双跑平行梯组成，或由一对互相重叠而又不连通的单跑直上梯构成，剖面呈交叉的剪刀形，能同时通过较多的人流并节省空间；螺旋转梯是以扇形踏步支承在中立柱上，虽行走欠舒适，但节省空间，适用于人流较少，使用不频繁的场所；圆形、半圆形、弧形楼梯由曲梁或曲板支承，踏步略呈扇形，花式多样，造型活泼，富于装饰性，适用于公共建筑。

1. 楼梯的绘制

（1）绘制准备

熟悉楼梯详图：楼梯详图主要包含平面图和剖面图，由于出图剖切面并没有达到楼梯顶部，平面图中看到的图纸并不完整，一般需参照剖面图对楼梯定位（图 5-8-2）。

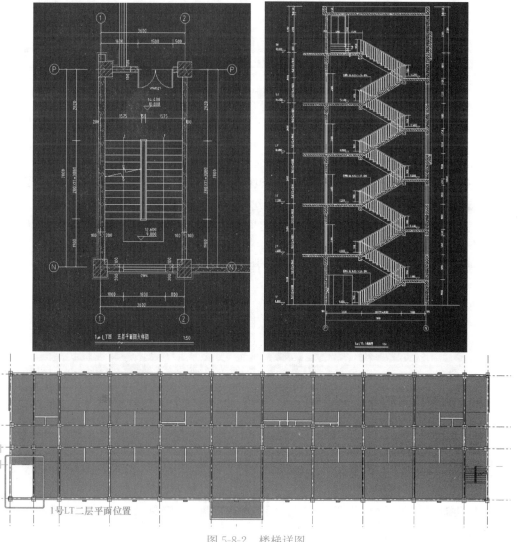

图 5-8-2　楼梯详图

确定楼梯参数，包括：

1）实际尺寸、最大/小尺寸，平台宽度；

2）踢面、踏面数量，踏面宽度；

3）梯段宽度；

4）顶部、底部标高。

本节以案例 11 号宿舍楼 1 号 LT 为例，讲解楼梯的绘制过程。

（2）楼梯的创建模式

楼梯创建要在平面视图中进行，从 Revit2013 开始，楼梯的创建统一为选择"建筑"→"楼梯"命令（图 5-8-3），涵盖了"按草图"绘制模式下的所有创建功能，而且增加了更多的新功能，为楼梯创建带来了极大的灵活性和方便性。

图 5-8-3　选择"楼梯"命令

（3）楼梯的组成部件。在 Revit 软件中，楼梯"按构件"创建过程中，将梯段、平台、支撑构件作为楼梯的装配构件进行了拆分，使用者可以灵活进行各种组装，从而满足最终的需要。其中，各个装配部件绘制及详情如图 5-8-4 所示。

1）梯段：直梯、全踏步旋梯、圆形-端点螺旋楼梯、U 形楼梯、L 形楼梯、自定义绘制楼梯（即在梯段之间拾取两个梯段进行创建和自定义绘制）。

2）平台：有三种创建方式，即在梯段之间自动创建、通过拾取两个梯段进行创建和自定义绘制。

3）支撑（侧边和中心）构件：有两种创建方式，即随梯段的生成自动创建和拾取梯段或者平台边缘创建。

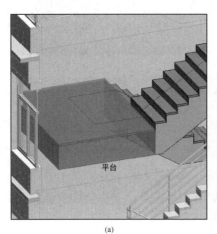
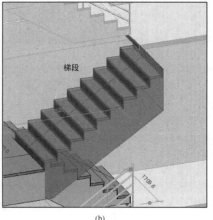

(a)　　　　　　　　　　　　　　(b)

图 5-8-4　楼梯装配构件（一）

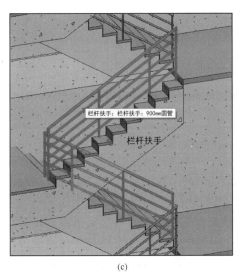
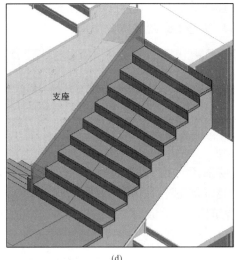

(c)   (d)

图 5-8-4　楼梯装配构件（二）

4）栏杆扶手：在创建过程中自动生成，或者稍后通过选择楼梯主体进行放置。

（4）进入首层平面视图，导入楼梯 CAD 底图，具体操作是选择"插入"点击"导入
CAD"，选择相应文件夹中的"楼梯.dwg"文件，导入项目中。

提示：导入时选择导入单位为毫米，定位为"中心到中心"。

（5）绘制参照平面

根据 CAD 图，分析得楼梯尺寸位置，楼梯起始标高为 F2，终点标高为 F3，实际高
度差为 3600mm，楼梯踢面数 20 步，绘制参照平面（图 5-8-5）。

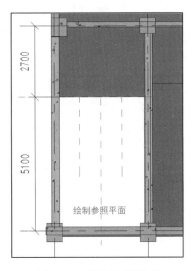

图 5-8-5　绘制参照平面

（6）点击建筑选项卡"楼梯"按钮，进入绘制楼梯状态，出现"修改｜创建楼梯"上
下文关联选项卡（图 5-8-6），默认是"直梯"按钮。在绘制之前，需要编辑楼梯属性，包
括：绘制时定位线、偏移、实际梯段宽度，根据图纸可以看出梯段宽度 1575mm，同时可

以选择选项卡最右边"栏杆扶手按钮"。

（7）新建楼梯类型及属性编辑

图 5-8-6　创建楼梯梯段

在绘图区域左边属性面板中，选择"整体浇筑楼梯"，后单击"编辑属性"按钮，在弹出的"类型属性"对话框中（图 5-8-7），单击"复制"按钮，弹出"名称"对话框，将名称"整体浇筑楼梯"修改为"二层楼梯"，然后根据需要，在"类型属性"对话框中设置楼梯类型、平台类型、有无支撑等，最后单击"确定"按钮，完成新建现场浇筑整体楼梯。

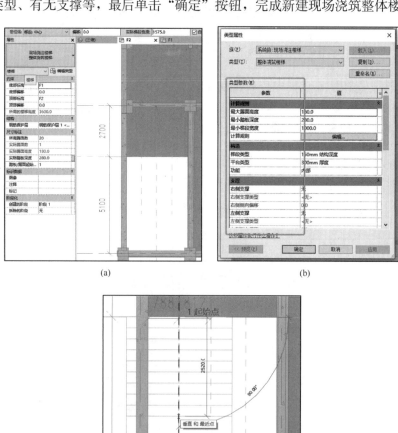

(a)　　　　　　　　　　　　　(b)

(c)

图 5-8-7　属性编辑

（8）实例属性编辑（图5-8-7），在属性面板中设置"底部标高"为"F2"层平面、"底部偏移"为"0"个单位、"顶部标高"为"F3"层平面、"顶部偏移"为"0"个单位，来确定楼梯的起始和终止高度。通过设置"所需踢面数"为"20"个，实际踢面高度为程序自动计算，不需要另外设置，默认调整实际踏板深度为"280"。在选项栏中设置"定位线"为"梯段：左"对齐，"偏移量"为"00"个单位，"实际梯段宽度"为"1575"并且选中"自动平台"复选框，只有选中该复选框后的两跑楼梯之间才会自动生成楼梯的休息平台。

（9）绘制梯段。找到参照平面第一点作为楼梯绘制起点，沿垂直方向向下绘制楼梯，绘制10踏步后单击绘制完第一段梯段。鼠标水平向左移动，到右边参照平面交点单击，垂直向上，直到生成所有踢面，单击"结束"（图5-8-7）。

（10）第二梯段绘制完成后会自动生成休息平台。生成的休息平台不够宽，可以通过拉伸已生成平台边缘（点击"拉伸"按钮即可），然后单击项目选项卡中的"√"完成编辑按钮，即完成绘制。之后可以把靠近楼梯间墙体的自动生成的扶手删掉更为符合实际。绘制完成效果如图5-8-8所示。

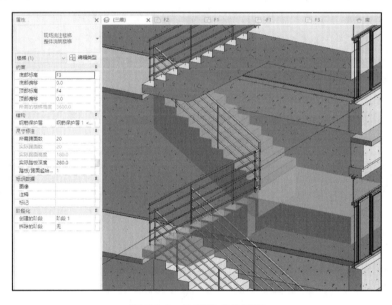

图5-8-8　绘制完成效果图

2. 栏杆扶手的绘制

"栏杆扶手"工具使用中，扶手的绘制有两种方式：第一种通过路径绘制连续的扶手轮廓线，楼梯的平段和斜段要分开绘制。这种方式需要在平面视图中进行路径绘制。

第二种方式是基于主体放置，栏杆扶手可基于楼梯、坡道自动生成或手动放置，多层楼梯生成的栏杆扶手在连接位置需要手动编辑。生成扶手后，可以通过"编辑路径"功能修改扶手轮廓线（图5-8-9）。

具体操作步骤如下：

（1）切换到F6平面视图，找到栏杆扶手平面位置所在，单击"栏杆扶手"工具下拉菜单，选择第一种"绘制路径"功能按钮（图5-8-10），进入"修改 | 创建栏杆扶手路径"

上下文关联选项卡。

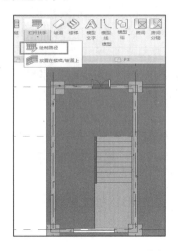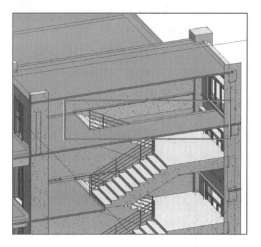

图 5-8-9　选择"编辑路径"

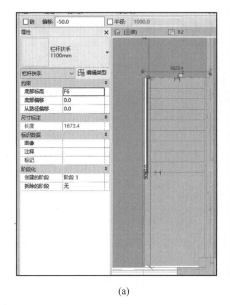

(a)　　　　　　　　　　(b)

图 5-8-10　选择"栏杆扶手"编辑

　　(2) 设置栏杆扶手类型属性。在属性面板中选择"1100mm 圆管"扶手类型,继续点击"编辑类型"按钮,设置扶手类型属性,修改栏杆扶手的扶栏结构、栏杆位置等(图 5-8-11)。

　　(3) 设置实例属性,属性面板中设置底部约束标高为 F6,没有偏移,选择直线绘制工具开始,在平面图中途中绘制扶手栏杆路径,如图 5-8-12 所示。绘制完成,单击"√"完成编辑模式,三维效果如图 5-8-12 所示。

　　3. 多层楼梯的绘制

　　可以在创建楼梯时或者在现有楼梯的基础上通过选择标高创建多层楼梯,并且自动生成一个组,具体操作步骤如下:

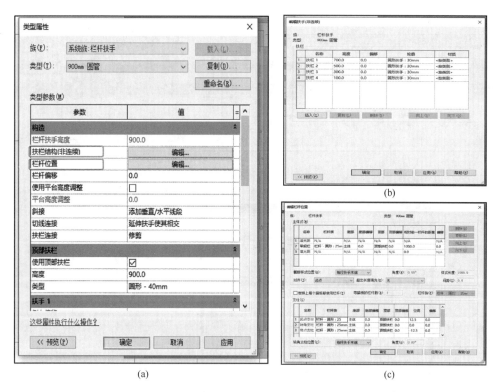

(a)　　　　　　　　　　　　　　(b)

(c)

图 5-8-11　修改扶手类型属性

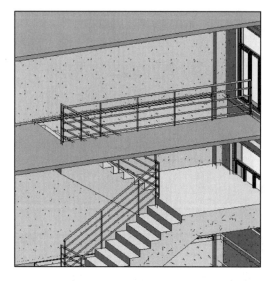

图 5-8-12　三维效果图

（1）首先选择已经绘制好的楼梯，在"修改｜楼梯"上下文关联选项卡中点击功能区里的"选择标高"按钮（图 5-8-13）。

（2）在弹出的对话框中选择一个立面（图 5-8-14），转到剖面中也可以进行操作。

（3）选择用于多层楼梯的标高点击"连接标高"（图 5-8-15），点击"完成"即可创建多层楼梯。

图 5-8-13　选择"选择标高"

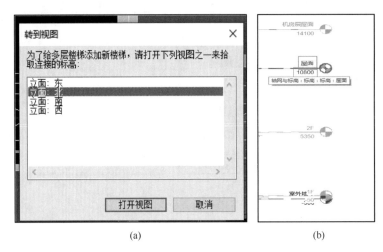

(a)　　　　　　　　　　　　(b)

图 5-8-14　选择立面

图 5-8-15　选择"连接标高"

4. 楼梯的修改

（1）对于已经绘制好的楼梯，可以在选中楼梯后，单击"修改｜楼梯"下的"编辑楼梯"按钮，退回到楼梯生成前的状态，可以修改楼梯样式（图 5-8-16）。

（2）还可以通过退回成为草图楼梯个性化修改楼梯样式。在操作（1）的基础上，选中梯段或是平台，点击"转换"按钮，弹出"楼梯-转换为自定义"对话框（图 5-8-17），点击"关闭"。楼梯转换为自定义草图楼梯。

（3）进一步选中转换好的草图楼梯，点击"编辑草图"，进入到"修改｜创建楼梯＞绘制梯段"状态。梯段被分解成：边界、踢面、楼梯路径 3 个要素组成，可以分别进行编辑。例如，可以删掉中间黑色的踢面线，换成弧线踢面，进而生成弧形楼梯。这里要注意

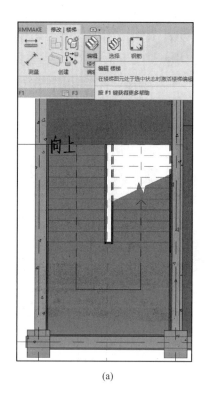
(a)

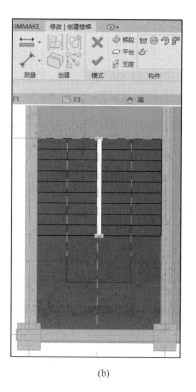
(b)

图 5-8-16　选择编辑楼梯

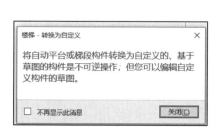

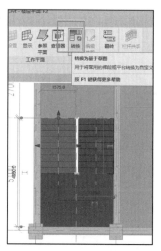

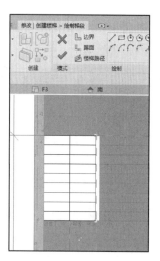

图 5-8-17　选择转换

的是，删掉的踢面线，重新绘制弧线踢面时，一定要选择"踢面线"命令按钮后再绘制弧线，保证踢面线颜色一致，否则将报错无法生成。修改完后点击"√"完成编辑，效果如图 5-8-18 所示。

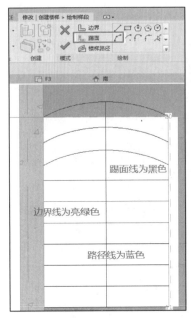
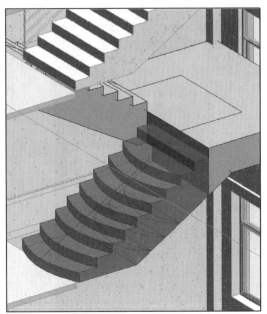

图 5-8-18　梯面效果图

5.9　房间的创建

1. 添加房间与房间标记

在项目浏览器中，进入需要添加房间与房间标记的楼层，右键点击"复制视图"，并将其重命名。

图 5-9-1　房间和面积

在"建筑"选项卡下的"房间和面积"中选择"房间"命令，在属性面板类型浏览中选择需要放置的标记类型，即可添加房间和房间标记（图 5-9-1）。

如果不需要房间标记，可以取消右上角"在放置时进行标记"命令，如果需要将开放的房间进行区域划分，可以使用"房间分隔"命令（图 5-9-2）。

图 5-9-2　设置标记

2. 添加房间颜色方案

颜色方案是将同类构件指定成相同的颜色来显示。在"建筑"选项卡下的"房间和面积"下拉菜单中选择"颜色方案"命令（图 5-9-3）。

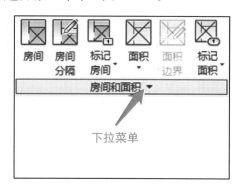

图 5-9-3 添加房间颜色方案

在对话框中，"类别"项选择"房间""颜色"项选择"名称"，各房间即自动放置填充颜色（图 5-9-4）。

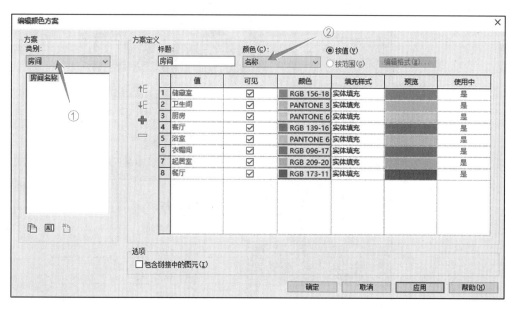

图 5-9-4 编辑颜色方案

3. 房间颜色图例

选择"注释"选项卡下"颜色填充"中的"颜色填充图例"，在绘制区合适位置单击左键放置"颜色填充图例"，在弹出的对话框中"空间类型"选择"房间""颜色方案"，选择"房间名称"，点击"确定"完成（图 5-9-5）。

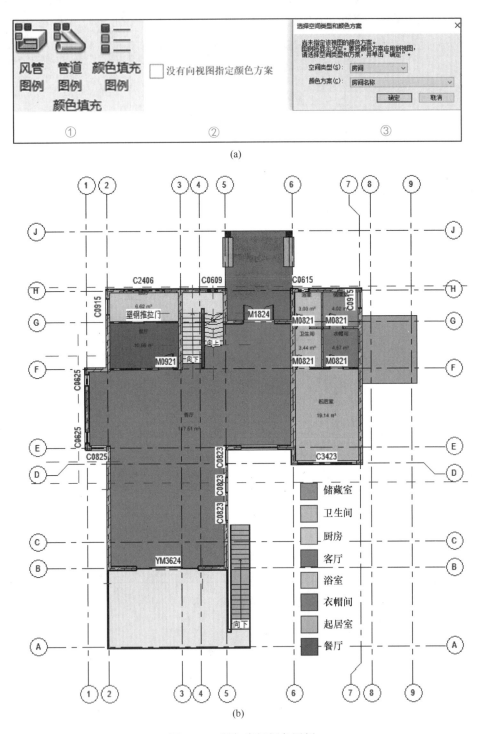

(a)

(b)

图 5-9-5　添加房间颜色图例

"智慧住建"创造中国速度

从规划设计到施工建造，直至装修交付，一栋 800m² 的别墅需要多久？

35 天！这就是装配式建造方式给出的建造新速度！

龙熙丽景独栋别墅，应用 BIM＋装配式，实现了工程高质高效完工。应用 BIM 技术进行规划设计、预制构件设计，项目设计用时 10 天。

模块化的装饰设计理念为装配式装修打下基础，在设计时将生产构件的制作考虑在内，选择合适材料，同时结合现场施工条件将构件安装、连接。通过 BIM 模型协同设计，实现建筑与装修模数一体化，装修与建筑零冲突。建筑主体为模块化结构，成批成套地在工厂中制造完成，也就是 95％的工程量在工厂内完成，构件生产加工用时 20 天。

通过 BIM 模型的构件加工图与工厂对接，提取精确的生产加工数据。工厂化预制加工、标准化作业提高了构配件的生产效率，减少生产误差，减少了传统现场施工方式下的错误返工。

本章主要介绍了如何使用 Revit 绘制建筑模型，包括选择绘制工具、添加墙的高度和类型、调整墙的精度和连接多个墙体；门窗的布置、调整；幕墙的绘制方法和技巧，以及幕墙的编辑和修改；选择适当的楼板类型、定义楼板轮廓、设置楼板高度；屋顶类型的选择、建模工具的使用、参数的设置、材质的应用；不同洞口的创建和修改；天花板的概念，以及如何创建和修改天花板；楼梯与栏杆扶手的创建和参数设置，创建房间的方法、设定房间属性、修改房间信息等基本知识。

通过对本章知识的学习，学员能够更好地理解 Revit 的建模过程和技巧，并且能够更加高效地创建精确的建筑模型。

6 设备模型的创建

1. 了解：风管参数的设置。
2. 熟悉：风管绘制及设备布置。
3. 掌握：风管系统的创建。
4. 了解：管道系统项目样板创建及管道参数的设置。
5. 熟悉：管道绘制及设备布置。
6. 掌握：管道系统的创建。
7. 了解：电气专业项目样板的创建。
8. 熟悉：电缆桥架及其配件、设备的布置。
9. 掌握：电缆桥架、配电箱及相关的干线线管的绘制。

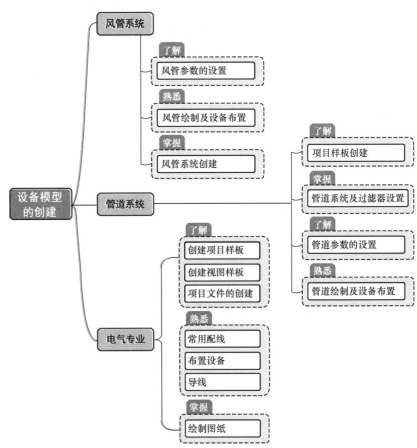

 工作流程

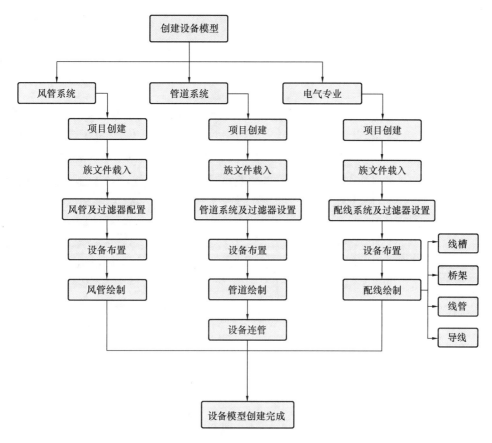

6.1　风　管　系　统

1. 风管参数的设置

创建风管系统前,应对风管类型、风管尺寸及布管系统配置等风管参数进行设置。正确的参数设置能够提高风管系统创建的效率和准确度。

(1) 风管类型

单击功能区"系统"→"风管",在"属性"对话框内可选择和编辑风管类型。Autodesk Revit 2018 中提供的"Mechanical-DefaultCHSCHS. rte"和"Systems-DefaultCHSCHS. rte"项目样板中默认设置了 11 种风管类型,如图 6-1-1 所示。

单击"编辑类型",打开"类型属性"对话框,可对当前风管类型进行配置或新建风管类型,见图 6-1-2。

提示:①"复制"命令可通过现有风管类型添加新的风管类型。

②通过改变"构造""管件"和"标识数据"等类型参数可对当前风管类型进行配置。

③ 通过在 "管件" 列表中配置各类型风管管件族，可以指定绘制风管系统时使用的默认管件（图 6-1-2）。

图 6-1-1 风管属性　　　　　　　　　　　　　　图 6-1-2 布管系统配置

（2）风管尺寸

风管尺寸应在 "机械设置" 中设置，可通过以下方式打开 "机械设置" 对话框（图 6-1-3）。

图 6-1-3 机械设置

1）通过"布管系统配置"→"风管尺寸"。

2）单击功能区"系统"→"机械" 。

3）单击功能区"管理"→"MEP 设置"→"机械设置"。

4）直接键入 MS。

"机械设置"中可通过"新建尺寸"和"删除尺寸"对"矩形"/"椭圆形"/"圆形"等不同形状的管道尺寸进行新建和删除（注：已使用的尺寸无法删除）。通过勾选"用于尺寸列表"，使该尺寸用于风管布局编辑器和"修改｜放置风管"中风管"宽度"/"高度"/"直径"下拉列表中，在绘制风管时直接选用，亦可在"属性"栏中直接选择"宽度"/"高度"/"直径"下拉列表中的尺寸；通过勾选"用于调整大小"，使该尺寸可以应用于软件提供的"调整风管/管道大小"功能。

（3）布管系统配置

所谓布管系统配置，即配置风管系统绘制时使用的默认管件，管件可通过布管系统配置绘制时自动添加，也可以手动添加到风管系统中。在执行"修改｜放置风管"命令或选中某风管时通过"属性"→"编辑类型"→"管件"→"布管系统配置－编辑"可打开"布管系统配置"对话框，可载入相应管件族并应用于风管系统默认配置，见图 6-1-4。以下管件类型可以在绘制风管时自动添加：弯头、T 形三通、接头、交叉线（四通）、过渡件（变径）、多形状过渡件-矩形到圆形（天圆地方）、多形状过渡件-矩形到椭圆形（天圆地方）、多形状过渡件-椭圆形到圆形（天圆地方）和活接头。不能在管件列表中选取的管件（如 Y 形三通、斜四通等），只能手动添加至风管系统中。

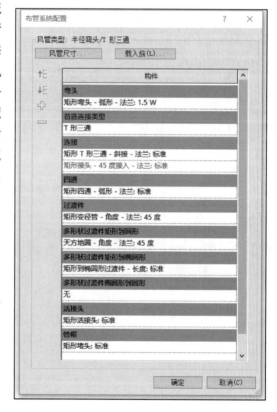

图 6-1-4 编辑布管系统配置

2. 风管绘制及设备布置

（1）风管占位符

在创建风管系统时，利用单线显示的风管占位符绘制风管系统能够大大提高软件的运行速度，风管占位符与风管间可以相互转换。并且风管占位符支持碰撞检查功能，碰撞检查结果同风管碰撞检查结果一致。

风管占位符在平面视图、立面视图、剖面视图和三维视图中均可绘制，可通过以下方式进入风管占位符命令：

1）单击功能区"系统"→"风管占位符"（图 6-1-5）。

2）在绘图区右键单击已选中的风管或风管占位符的连接件，在弹出的快捷菜单中单击"绘制风管占位符"。

图 6-1-5　风管占位符

进入"风管占位符"绘制命令后，会同时激活"修改｜放置风管占位符"上下文选项卡，可对风管的尺寸、偏移量等进行设置，亦可在"属性"中设置风管尺寸、偏移量、系统类型等参数（图 6-1-6）。

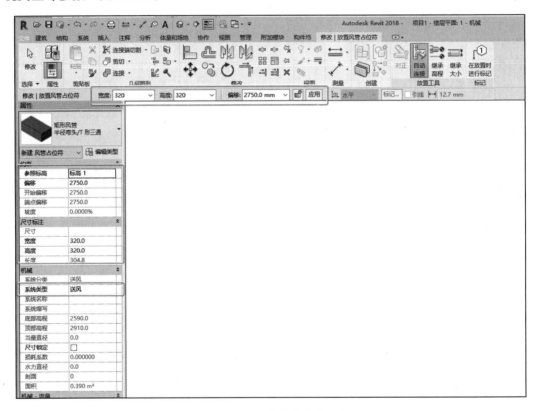

图 6-1-6　风管占位符参数调整

风管占位符绘制方法如下：

1）启动"风管占位符"绘制命令。

2）在风管"属性"对话框中选择风管类型。

3）选择风管占位符所代表的尺寸。通过"修改｜放置风管占位符"选项栏上或"属性"对话框中输入或选择所要的绘制尺寸。

4）指定风管占位符偏移。默认"偏移量"是指风管占位符所代表的风管中心线相对

于参照标高的距离。通过"修改 | 放置风管占位符"选项栏上或"属性"对话框中"偏移量"内输入或选择所要的偏移量数值,默认单位为毫米。

5)指定风管占位符的放置方式。默认勾选"自动连接",可以选择是否勾选"继承大小"和"继承高程"。注意,风管占位符代表风管中心线,所以在绘制时不能定义"对正"方式。

6)指定风管占位符的起点和终点。将鼠标移至绘图区域,单击鼠标指定起点,移动至终点位置再次单击,完成一段风管占位符的绘制。可以继续移动鼠标绘制下一管段。绘制完成后,按 Esc 键或者右击鼠标,单击快捷菜单中的"取消",退出风管占位符绘制命令。

(2)风管与风管占位符间转换

风管与风管占位符间可以相互转换。转换方法如下:

1)选择需要转换的风管占位符,激活"修改 | 风管占位符"选项栏;

2)在"属性"对话框中选择所需的风管类型;

3)在"修改 | 风管占位符"选项栏上或"属性"对话框中选择或输入相应的尺寸和偏移量;

4)单击"修改 | 风管占位符"选项栏上"转换占位符",即可将风管占位符转换为风管(图 6-1-7)。

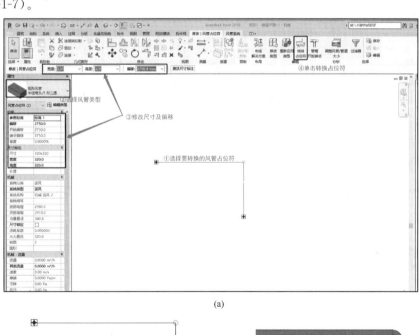

(a)

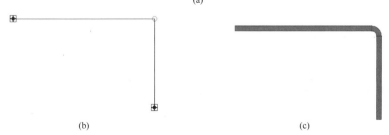

(b)   (c)

图 6-1-7 风管与风管占位符间转换

(a)操作界面;(b)转换前;(c)转换后

（3）风管绘制

风管在平面视图、立面视图、剖面视图和三维视图中均可绘制，可通过以下方式进入风管绘制命令：

1）单击功能区"系统"→"风管"（图 6-1-8a）。

2）在绘图区右键单击已选中的风管、管件、管路附件或设备的连接件，在弹出的快捷菜单中单击"绘制风管"。

3）单击已放置的设备族的风管连接件（图 6-1-8b）。

4）直接键入 DT。

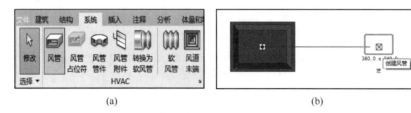

(a)　　　　　　　　　　　　　　(b)

图 6-1-8　绘制风管

进入"风管"绘制命令后，会同时激活"修改｜放置风管"上下文选项卡，可对风管的尺寸、偏移量等进行设置，亦可在"属性"中设置风管尺寸、偏移量、系统类型等参数（图 6-1-9）。

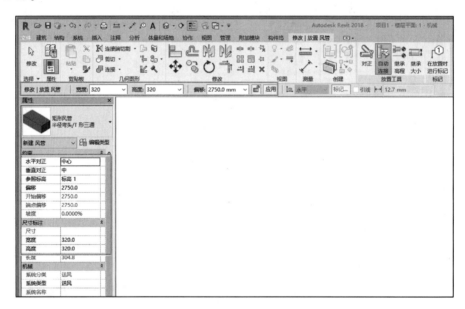

图 6-1-9　编辑绘制参数

风管绘制方法如下（图 6-1-10）：

1）启动"风管"绘制命令。

2）在风管"属性"对话框中选择风管类型。

3）选择风管尺寸。通过"修改｜放置风管"选项栏上或"属性"对话框中输入或选择所要的绘制尺寸。

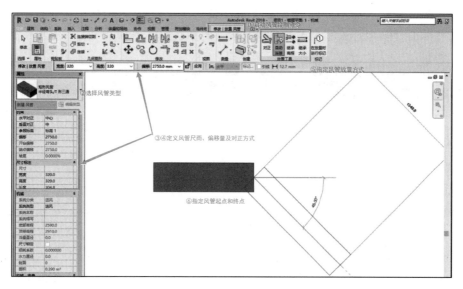

图 6-1-10　绘制参数

4）指定风管偏移。默认"偏移量"是指风管中心线相对于参照标高的距离（重新定义"对正"方式后，"偏移量"含义将发生变化）。通过"修改｜放置风管"选项栏上或"属性"对话框中"偏移量"内输入或选择所要的偏移量数值，默认单位为毫米。

5）指定风管放置方式。默认勾选"自动连接"，可以选择是否勾选"继承大小"和"继承高程"。在绘制时可重新定义"对正"方式。

6）指定风管的起点和终点。将鼠标移至绘图区域，单击鼠标指定起点，移动至终点位置再次单击，完成一段风管的绘制。可以继续移动鼠标绘制下一管段。绘制完成后，按Esc 键或者单击鼠标右键，单击快捷菜单中的"取消"，退出风管绘制命令。

提示：①"对正"命令用于指定风管水平和垂直方向的对齐方式。可通过单击"修改｜放置风管"选项栏上"对正"命令打开"对正设置"对话框或通过"属性"对话框进行对齐方式设置（图 6-1-11）。

水平对正：当前视图下，以风管的"中心""左"或"右"侧边缘作为参照，将相邻

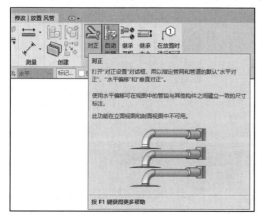

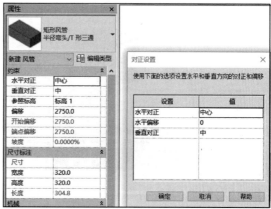

图 6-1-11　风管对正

两段风管边缘进行水平对齐。"水平对正"的效果与风管绘制方向有关,自左向右绘制风管时,选择不同"水平对正"方式的绘制效果(图 6-1-12)。

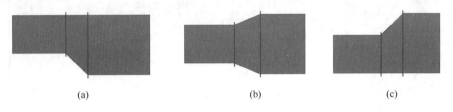

图 6-1-12 水平对正

(a) 左对正;(b) 中心对正;(c) 右对正

水平偏移:用于指定风管绘制起始点位置与实际风管绘制位置之间的偏移距离。该功能区多用于指定风管和墙体等参考图元之间的水平偏移距离。"水平偏移"的距离与"水平对齐"设置以及风管绘制方向有关。

垂直对正,当前视图下,以风管的"中""底"或"顶"作为参照,将相邻两段风管边缘进行垂直对齐(图 6-1-13)。垂直对正的设置决定风管"偏移量"指定的距离。

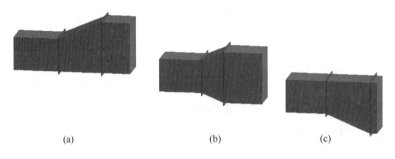

图 6-1-13 垂直对正

(a) 底对齐;(b) 中心对齐;(c) 顶对齐

② "自动连接"命令用于指定某段风管在开始和结束通过连接捕捉构件,这对于连接不同高程管段时非常有效。默认勾选"自动连接",则绘制两段不在同一高程的正交风管时将自动生成管件完成连接,否则不会自动生成管件完成连接(图 6-1-14)。

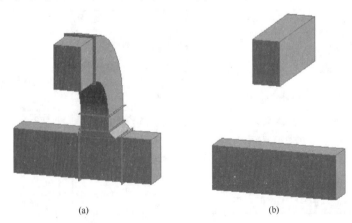

图 6-1-14 自动连接

(a) 勾选自动连接;(b) 未勾选自动连接

③"继承高程"与"继承大小"命令用于继承捕捉图元的高程与大小，默认是非勾选项，勾选后新绘制的风管将继承捕捉的风管的高程与大小。

（4）管件放置与编辑

风管管件可在执行"修改｜放置 风管"命令时或选中某风管时通过"属性"→"编辑类型"→"管件"→"布管系统配置｜编辑"，打开"布管系统配置"对话框，载入相应管件族并应用于风管系统默认配置使其自动添加，也可手动添加相应管件。

1）自动添加管件方式即在"布管系统配置"对话框选用相应的管件，而手动添加则需要在绘制风管时手动插入管件到相应位置或将管件放置到相应位置后手动绘制所需风管。

2）选中某管件时，在该管件周围将出现一组管件控制柄，通过控制柄可修改管件尺寸，翻转管件方向和对管件进行升降级处理。

提示：① 改变尺寸。在管件未与管道连接时通过单击尺寸标注并修改可改变管件尺寸（图 6-1-15）。

② 翻转管件。单击"⇆"可实现管件沿符号方向水平翻转180°。

③ 旋转管件。单击"↻"可实现管件旋转，管件连接管道后将不能旋转（图 6-1-15）。

④ 管件升降级。若选中管件后出现"+"或"−"，则表示该管件可以升级或降级。如弯头升级成为三通，四通降级成为三通等（图 6-1-15）。

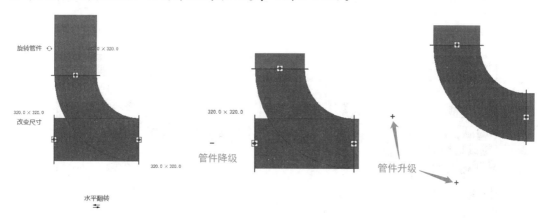

图 6-1-15　管件放置与编辑

（5）软风管绘制

软风管是替代传统送风管、风阀、散流器、绝热材料等的一种送出风末端系统。软风管在平面图和三维视图中均可创建，可通过以下方式进入软风管绘制命令：

1）单击功能区"系统"→"软风管"。

2）在绘图区右键单击已选中的风管、管件、管路附件或设备的连接件，在弹出的快捷菜单中单击"绘制软风管"。

进入"软风管"绘制命令后，会同时激活"修改｜放置 软风管"上下文选项卡，可对软风管的尺寸、偏移量等进行设置，亦可在"属性"中设置风管尺寸、偏移量、系统类型等参数（图 6-1-16）。

风管绘制方法如下（图 6-1-17）：

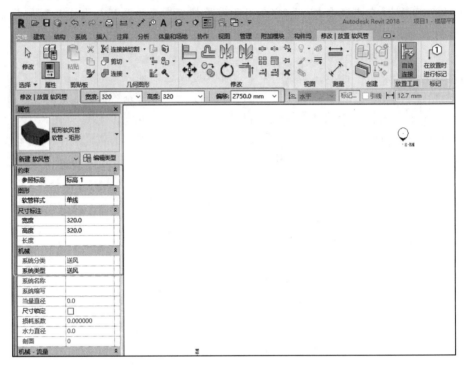

图 6-1-16　软风管绘制

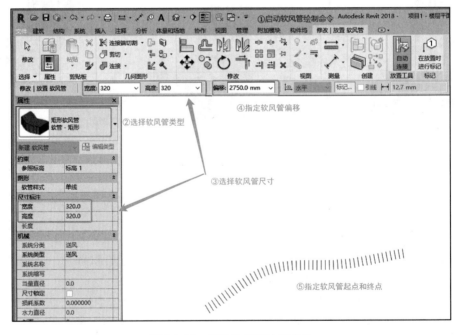

图 6-1-17　编辑软风管绘制参数

1）启动"软风管"绘制命令；

2）在软风管"属性"对话框中选择软风管类型；

3）选择软风管尺寸。通过"修改│放置软风管"选项栏上或"属性"对话框中输入或选择所要的绘制尺寸。

4）指定软风管偏移。默认"偏移量"是指软风管中心线相对于参照标高的距离。通过"修改│放置软风管"选项栏上"偏移量"内输入或选择所要的偏移量数值，默认单位为毫米。

5）指定软风管的起点和终点。将鼠标移至绘图区域，单击鼠标指定起点，移动至终点位置再次单击，完成一段软风管的绘制。可以继续移动鼠标绘制下一管段。绘制完成后，按Esc键或者点击鼠标右键，单击快捷菜单中的"取消"，退出软风管绘制命令。

提示：通过拖拽软风管上的连接件、顶点和切点可实现软风管路径调整。

（6）设备布置

风口族和设备族中，部分是由"基于面的公制常规模型.rft"模板创建而成的，部分是由"公制常规模型.rft"模板创建而成的。

使用"基于面的公制常规模型.rft"模板创建而成的设备族或风口添加到项目中，必须捕捉所要附着的面，如天花板、墙面等，或将其放置在工作平面上。使用"公制常规模型.rft"模板创建的设备族或风口，无法自动捕捉所要附着的面。在布置时，可在"属性"对话框中调整其标高和偏移量。

提示：① 设备旋转。可通过空格键实现90°旋转，或者通过旋转命令实现任意角度旋转。

② 设备连管。选中设备族后，单击创建管道可以直接创建管道；右键点击设备上连接件"✛"选择创建管道；点击"修改│机械设备"→"连接到"命令，打开"选择连接件"对话框，选择需要连接的管件，并单击要连接到的风管，均可实现设备连管（图6-1-18）。

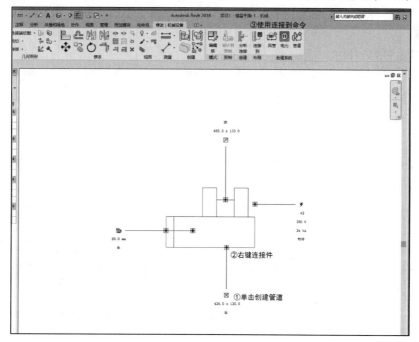

图6-1-18　设备布置

3. 风管系统创建

(1) 项目创建

单击"文件"→"新建"→"项目"命令，打开"新建项目"对话框（图 6-1-19）。单击"浏览"按钮，将项目样板选为暖通样板文件（项目样板制作方式参见本教材 6.2 节项目样板创建部分），单击"确定"按钮，创建项目文件。

图 6-1-19　创建项目

(2) 族文件载入及风管配置

根据项目要求，将项目所需的族文件载入项目中，包括风机设备、风道末端、风管管件和风管附件等。若默认族库中没有所需族文件可根据现有族文件修改或自行创建所需族文件。

根据项目要求将载入的管件族通过"布管系统配置"新建所需风管类型，同时创建风管系统并设过滤器（风管系统创建方式及过滤器设置参见本教材 6.2 节管道系统及过滤器设置部分）。

(3) 设备布置及风管绘制

在绘制风管时可将 CAD 图纸链接到 Revit 项目中，以 CAD 图纸作为底图，为设备布置及风管绘制提供参考。在开始布置设备前，可将 CAD 图纸锁定，以免在布置设备的过程中移动 CAD 图纸而产生混淆。

提示：① 设备连接风管时合理运用"连接到"命令可大大提高绘图速度；

② 设备连接风管或管道连接时合理运用"对齐""修剪"命令亦可提高绘图速度。

6.2　管　道　系　统

1. 项目样板创建

创建合理完善的项目样板文件，对于正确、高效地创建管道系统十分重要。

(1) 新建项目样板

单击"文件"→"新建"→"项目"命令，打开"新建项目"对话框（图 6-2-1）。单击"浏览"按钮，将项目样板选为"Plumbing-DefaultCHSCHS. rte"或"Systems-De-faultCHSCHS. rte"，点击框中"新建"选择"项目"，单击"确定"按钮，可基于默认样板文件新建项目所需样板文件。

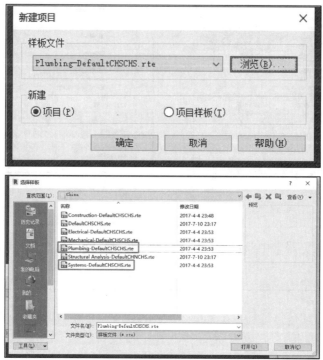

图 6-2-1 选择项目样板

（2）修改项目样板

以 Plumbing-DefaultCHSCHS. rte 样板文件为例进行修改。主要对"属性"（管道及视图属性）和"项目浏览器"（浏览器组织及管道系统创建）进行修改（图 6-2-2）。

根据项目需求组织项目浏览器，"项目浏览器"根据不同规则成组创建相应的平面图及立面图。每个"视图名称"均对应一个平面视图或剖面视图，而平面视图均对应一个建筑标高，不可随意设定。

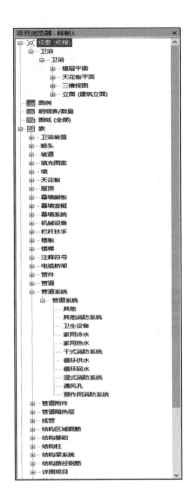

图 6-2-2　视图属性及项目浏览器

操作步骤如下：

1）在"项目浏览器"中双击"东-卫浴"（任意立面视图），会看到立面中默认有两个标高（图 6-2-3）。

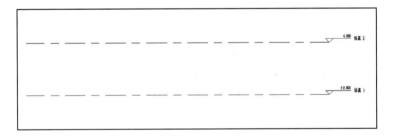

图 6-2-3　东立面视图

2）删去"标高 2"，弹出警告对话框，单击"确定"按钮（图 6-2-4）。确定后，所有相对于"标高 2"所创建出的平面视图，如"视图 2 卫浴"等将被删除（具体删除内容可参见警告提示）。由于不同项目的设计标高和层数不同，故删除"标高 2"，只保留"标高

1"。方便用户应用同一项目样板应对各种不同的项目。

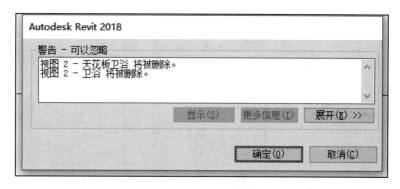

图 6-2-4　删除标高

3）在已有视图基础上复制视图，有以下两种方式：

① 单击要被复制的视图，单击功能区中的"视图"→"复制视图"命令，建立此视图的副本（图 6-2-5）。

② 在项目浏览器中右键单击视图名，点击快捷菜单中的"复制视图"命令。

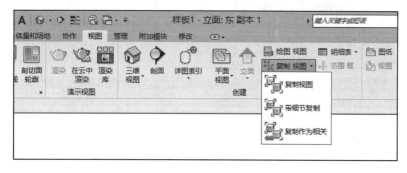

图 6-2-5　复制视图

复制视图有以下三种模式：

A. 复制视图：视图专用图元，将不会被复制到视图中。

B. 带细节复制视图：视图专用图元，将被复制到视图中。

C. 复制作为相关视图：复制的视图将显示在被复制视图下方，相关视图成组，且可以像其他视图类型一样进行过滤。

4）重组项目浏览器

本项目样板以软件自带的项目样板"Plumbing-DefaultCHSCHS. rte"为基础进行修改，但其"项目浏览器"中成组规则不适用于国内设计。按国内设计习惯，管道系统通常分为"卫浴-给排水""卫浴-自喷""机械-供暖"及"机械-空调水"等（亦可根据所建项目自行成组）。每类规程划分楼层平面、三维视图及立面，由属性值对项目浏览器中的视图和图纸进行重新组织、排序、删减，以保证设计人员的需要。

以"1-卫浴 副本 1"为例，单击该视图，在"属性"面板中将"规程"保持"卫浴"不变，将"子规程"改为"给排水"，然后将"视图名称"改为"1-给排水"，单击"应用"按钮（图 6-2-6）。

同理，其余视图均按此方法操作（修改规程及子规程时可单个视图修改，也可选中多个视图统一修改），按照项目需求重组项目浏览器（图 6-2-7）。

图 6-2-6　调整规程　　　　　　　　　　　图 6-2-7　重组项目浏览器

5）应用视图样板

选中视图，在"属性"栏中单击"视图样板"右侧的"无"按钮，在弹出的"应用视图样板"对话框中选择相应名称的样板文件后，单击"确定"按钮（图 6-2-8）。

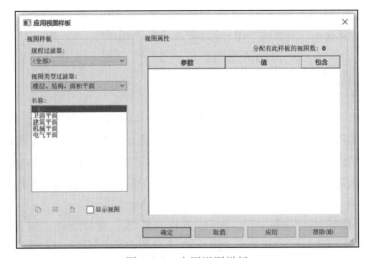

图 6-2-8　应用视图样板

通过对视图样板的整理与修改得到所需视图样板，如给排水→"给排水样板"；自喷→"自喷样板"；供暖→"供暖样板"；空调水→"空调水样板"等。

（3）保存项目样板

单击"文件"→"另存为"→"样板"命令，在弹出的"另存为"对话框中选择保存位置，文件名存为"管道项目样板（项目名称）"，单击"保存"按钮（图6-2-9）。

创建视图样板的目的在于就视图中各种族的可见性、详细程度及视图规程等进行统一定义。为视图应用视图样板可以避免在工作中每一个单独视图都要对图元可见性等设置逐一调整，提高工作效率。

以创建"给排水样板"为例，进行视图样板创建介绍。选中任意一个视图在"属性"中单击视图样板的"无"按钮，在"名称"中选择相应"卫浴平面"，在"指定视图样板"对话框中，单击"复制"按钮，在弹出对话框的"名称"文本框中输入"给排水样板"，单击"确定"按钮（图6-2-10）。

图 6-2-9 保存项目样板

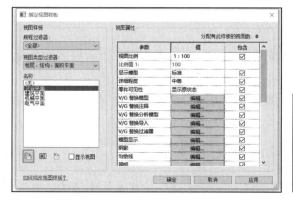

图 6-2-10 应用视图样板到其他视图

一般将"视图范围"项勾选掉，因为通常不同视图由于管线标高不同，视图范围通常不同。一般需要设定的为"V/G替换过滤器"，单击"编辑"按钮，在"可见性/图形替换-过滤器"对话框中，添加相应的过滤器（过滤器设置及添加见本教材6.3节相应内容）并对其"线图形""填充样式图形"的颜色及填充图案进行替换，单击"确定"按钮（图6-2-11），回到图6-2-10中相关页面再次单击"确定"按钮即可。这里所得到的是给排水的视图样板。

图 6-2-11　可见性图形替换

视图样板是存在于项目文件当中的，所以视图样板应当按前面所述项目样板进行创建并随样板文件一并保存。

提示：视图样板制作时根据项目需求选取样板项目。视图样板内设定的所有内容的级别均高于在平面视图中对"属性"的相关设定。以"规程"与"子规程"为例，已在视图平面中设定好"规程"与"子规程"的内容，但载入的视图样板如果"规程"为"卫浴"，"子规程"为"卫浴"，那么载入后视图平面中属性的"规程"将自动变为"卫浴"，"子规程"为"卫浴"，并且在属性中此两项变为灰色显示，将无法继续在属性中修改，如果想修改必须修改视图样板的设置（图 6-2-12）。

2. 管道系统及过滤器设置

通常在管道系统创建时，为对各种管线进行分类，并用不同颜色进行区分，可添加过滤器进行设置，而由于不同项目的复杂程度不同，软件自带的管道系统并不能满足设计需求，需加以完善。

（1）管道系统设置

以设置给水系统为例进行介绍。选择"项目浏览器"面板中的"族"→"管道系统"→"管道系统"→"家用冷水"，右键点击弹出快捷菜单，选择"复制"命令，软件将自动生成名为"家用冷水 2"的系统，可将系统重命名为"给水系统"（图 6-2-13）。

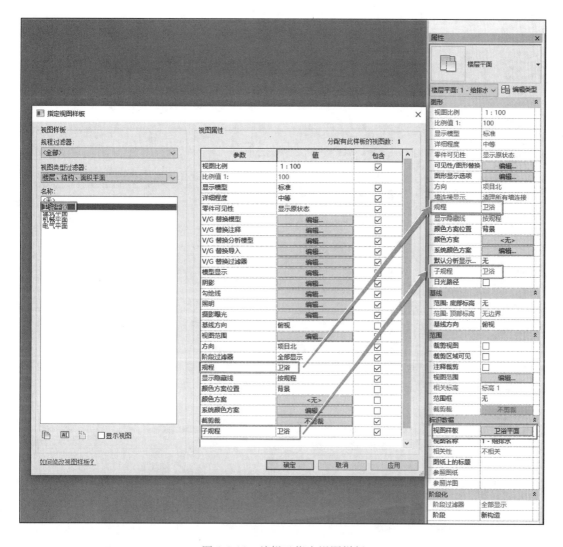

图 6-2-12 编辑已指定视图样板

同理，可根据项目需求复制重命名生成"排水系统"（由卫生设备复制）、"自喷系统"（可由其他消防系统复制）、"供暖供水系统"（由循环供水复制）、"供暖回水系统"（由循环回水复制）、"冷凝水系统"（由卫生设备复制）等。

（2）过滤器设置

打开"可见性/图形替换"对话框，切换至过滤器对话框下（图 6-2-14）。打开"可见性/图形替换"对话框方式有两种：①可通过"VV/VG"快捷键执行命令；②可通过视图选项卡下图形面板中"可见性/图形"命令执行。下面以设置给水系统过滤器为例进行介绍。

在"可见性/图形替换"对话框中单击"编辑/新建"，弹出"过滤器"对话框，在"过滤器"对话框中新建或复制现有过滤器并重命名，同时设置合理的过滤类别及过滤规则。

图 6-2-13　重命名管道
系统名称

图 6-2-14　过滤器设置面板

1）新建过滤器

点击"编辑/新建"，点击"新建"并命名或选中"家用冷水"右键点击复制并重命名；选择过滤类别，对于管道系统来说选中管件、管道、管道附件、管道隔热层；设置过滤器规则，推荐过滤条件设置为"系统类型"等于"给水系统"，或根据实际情况进行设置（图 6-2-15）。

2）添加过滤器

点击"添加"，选中所需过滤器，点击"确定"即将过滤器应用于当前视图。对其"线图形""填充样式图形"的颜色及填充图案进行替换，通常情况下图形填充为实线，填充样式图形为实体填充，颜色可根据设计师习惯设置（图 6-2-16）。

提示：过滤器可将视图中共享公共属性的图元过滤出来并提供替换其图形显示和控制其可见性的方法。"类别"即选择要包括在过滤器中的视图中的图元；"过滤器规则"即选择想要过滤出的图元的共同属性。如上述中"给水系统"过滤器可将过滤器规则设置为"系统类型 等于 给水系统"，亦可设置为"系统名称 开始是 给水系统"，总之过滤规则是所需过滤出图元的共同属性。

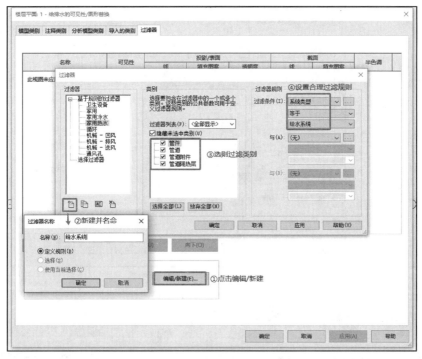

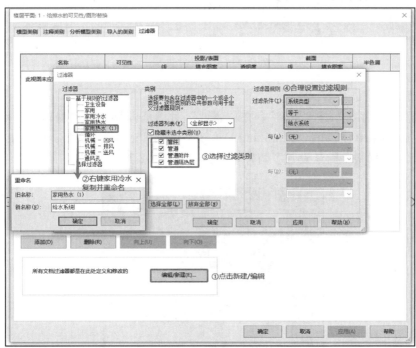

图 6-2-15　新建过滤器

3. 管道参数的设置

创建管道系统前，应对管道类型、管道尺寸及布管系统配置等管道参数进行设置。正确的参数设置能够提高管道系统创建的效率和准确度。

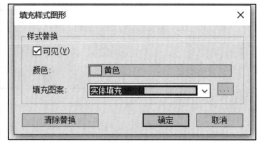

图 6-2-16　编辑过滤器

（1）管道类型

单击功能区"系统"→"管道"，在"属性"对话框内可选择和编辑管道类型。Autodesk Revit 2018 中提供的"Plumbing-DefaultCHSCHS. rte"和"Systems-DefaultCHSCHS. rte"项目样板中默认设置了两种管道类型（图 6-2-17）。

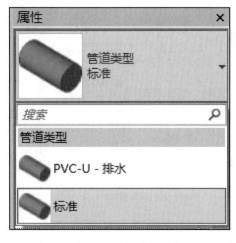

图 6-2-17　管道属性

单击"编辑类型",打开"类型属性"对话框,可对当前管道类型进行配置或新建管道类型(图6-2-18a)。

提示:①"复制"命令可通过现有管道类型添加新的管道类型。

②通过改变"构造""管件"和"标识数据"等类型参数可对当前管道类型进行配置。

③通过在"构件"列表中配置各类型管道管件族,可以指定绘制管道系统时使用的默认管件(图6-2-18b)。

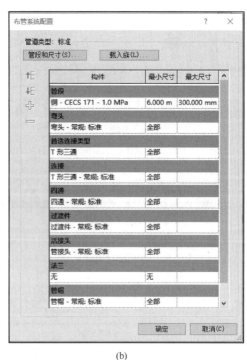

(a)   (b)

图6-2-18 编辑管道属性

(2)管道尺寸

管道尺寸应在"机械设置"中进行,可通过以下方式打开"机械设置"对话框(图6-2-19)。

1)通过"布管系统配置"→"管道尺寸"。

2)单击功能区"系统"→"机械" 。

管道参数的设置

3)单击功能区"管理"→"MEP设置"→"机械设置"。

4)直接键入MS。

"机械设置"中切换至"管道设置→管段和尺寸"。通过"新建尺寸"和"删除尺寸"对管道尺寸进行新建和删除(注:已使用的尺寸无法删除)。通过勾选"用于尺寸列表",使该尺寸用于风管布局编辑器和"修改|放置管道"管道"直径"下拉列表中,在绘制管道时直接选用,亦可在"属性"栏中直接选择"直径"下拉列表中的尺寸;通过勾选"用于调整大小",使该尺寸可以应用于软件提供的"调整风管/管道大小"功能。

(3)布管系统配置

所谓布管系统配置,即配置管道系统绘制时使用的默认管件,管件可通过布管系统配

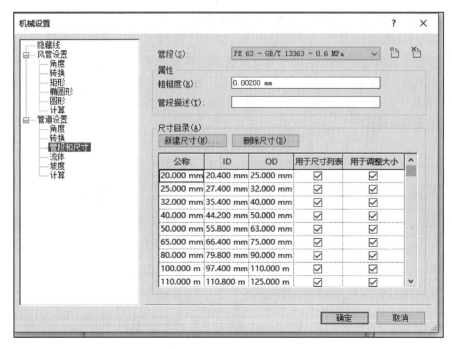

图 6-2-19　机械设置

置绘制时自动添加，也可以手动添加到管道系统中。在执行"修改 | 放置 管道"命令或选中某管道时通过"属性"→"编辑类型"→"管件"→"布管系统配置-编辑"可打开"布管系统配置"对话框，可载入相应管件族并应用于管道系统默认配置（图 6-2-20）。

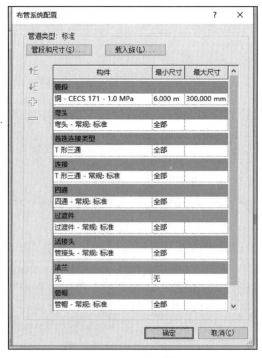

图 6-2-20　布管系统配置

（4）实例讲解

根据本教材实例项目给排水设计施工图纸——设计说明可知，给水系统所用管材为 PPR 塑料给水管，管道连接方式为热熔连接，故对管道参数进行以下设置：

实例讲解

管材及阀门：生活给水管采用 PPR 塑料给水管，热熔连接，生活给水管工作压力为 0.60MPa。

1）创建给水管道；单击功能区"系统"→"管道"，在"属性"对话框利用原有管道复制并重命名为"给水管道"（图 6-2-21）。

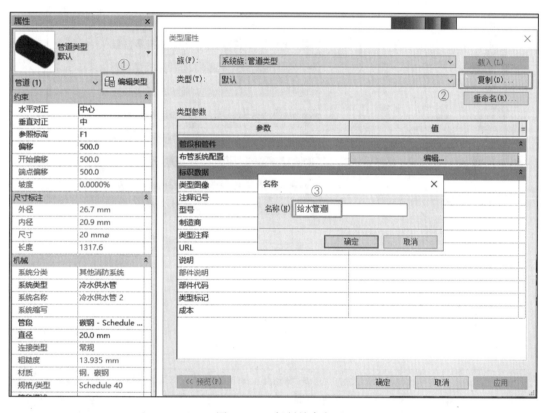

图 6-2-21 复制并命名

2）对当前管道类型进行布管系统配置；接上步刚创建的"给水管道"，单击"布管系统配置"编辑，进入布管系统配置对话框，载入所需要的管段和管道附件（若 Revit 族库中没有所需管件族，需自行创建或寻找其他资源，如图 6-2-22 所示）。

4. 管道绘制及设备布置

（1）管道占位符

在创建管道系统时，利用单线显示的管道占位符绘制管道系统能够大大提高软件的运行速度，管道占位符与管道间可以相互转换。并且管道占位符支持碰撞检查功能，碰撞检查结果同管道碰撞检查结果一致。

管道占位符在平面视图、立面视图、剖面视图和三维视图中均可绘制，可通过以下方式进入管道占位符命令：

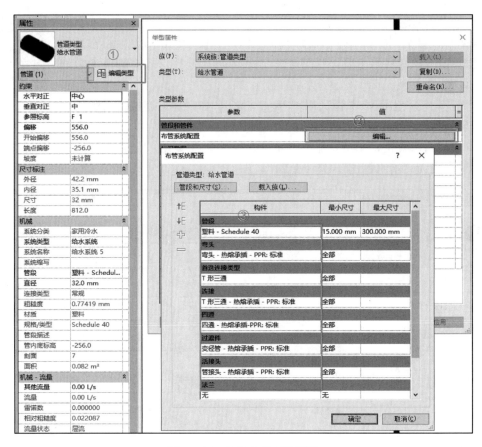

图 6-2-22　编辑布管系统配置

1）单击功能区"系统"→"管道占位符"（图 6-2-23）。

2）在绘图区右键单击已选中的管道或管道占位符的连接件，在弹出的快捷菜单中单击"绘制管道占位符"。

图 6-2-23　管道占位符

进入"管道占位符"绘制命令后，会同时激活"修改｜放置管道占位符"上下文选项卡，可对管道的尺寸、偏移量等进行设置，亦可在"属性"中设置管道尺寸、偏移量、系统类型等参数（图 6-2-24）。

管道占位符绘制方法如下：

1）启动"管道占位符"绘制命令。

2）在管道"属性"对话框中选择管道类型。

3）选择管道占位符所代表的尺寸。通过"修改｜放置管道占位符"选项栏上或"属

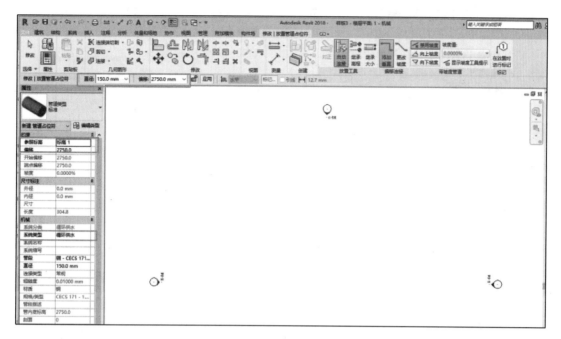

图 6-2-24　调整放置参数

性”对话框中输入或选择所要的绘制尺寸。

4）指定管道占位符偏移。默认“偏移量”是指管道占位符所代表的管道中心线相对于参照标高的距离。通过“修改｜放置管道占位符”选项栏上或“属性”对话框中“偏移量”内输入或选择所要的偏移量数值，默认单位为毫米。

5）指定管道占位符的放置方式。默认勾选“自动连接”，可以选择是否勾选“继承大小”和“继承高程”。

6）指定管道占位符的起点和终点。将鼠标移至绘图区域，单击鼠标指定起点，移动至终点位置再次单击，完成一段管道占位符的绘制。可以继续移动鼠标绘制下一管段。绘制完成后，按 Esc 键或者点击鼠标右键，单击快捷菜单中的“取消”，退出管道占位符绘制命令。

（2）管道与管道占位符间转换

管道与管道占位符间可以相互转换。转换方法如下：

1）选择需要转换的管道占位符，激活“修改｜管道占位符”选项栏；

2）在“属性”对话框中选择所需的管道类型；

3）在“修改｜管道占位符”选项栏上或“属性”对话框中选择或输入相应的尺寸和偏移量；

4）单击“修改｜管道占位符”选项栏上“转换占位符”，即可将管道占位符转换为管道（图 6-2-25）。

（3）管道绘制

管道在平面视图、立面视图、剖面视图和三维视图中均可绘制，可通过以下方式进入管道绘制命令：

1）单击功能区“系统”→“管道”（图 6-2-26a）。

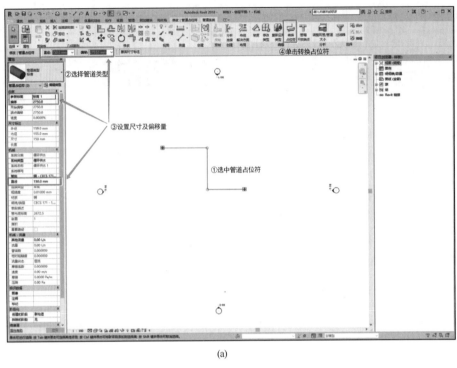

(a)

(b)   (c)

图 6-2-25 转换管道与管道占位符

（a）操作界面；（b）转换前；（c）转换后

(a)

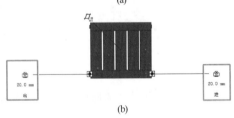

(b)

图 6-2-26 绘制管道命令

2）在绘图区右键单击已选中的管道、管件、管路附件或设备的连接件，在弹出的快捷菜单中单击"绘制管道"。

3）单击已放置的设备族的管道连接件（图6-2-26b）。

4）直接键入PI。

进入"管道"绘制命令后，会同时激活"修改｜放置管道"上下文选项卡，可对管道的尺寸、偏移量等进行设置，亦可在"属性"中设置管道尺寸、偏移量、系统类型等参数（图6-2-27）。

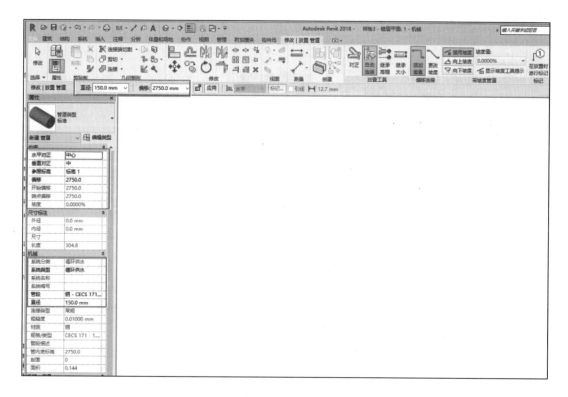

图6-2-27　调整绘制参数

管道绘制方法如下（图6-2-28）：

1）启动"管道"绘制命令。

2）在管道"属性"对话框中选择管道类型。

3）选择管道尺寸。通过"修改｜放置管道"选项栏上或"属性"对话框中输入或选择所要的绘制尺寸。

4）指定管道偏移。默认"偏移量"是指管道中心线相对于参照标高的距离（重新定义"对正"方式后，"偏移量"含义将发生变化）。通过"修改｜放置管道"选项栏上或"属性"对话框中"偏移量"内输入或选择所要的偏移量数值，默认单位为毫米。

5）指定管道放置方式。默认勾选"自动连接"，可以选择是否勾选"继承大小"和"继承高程"。

6）指定管道的起点和终点。将鼠标移至绘图区域，单击鼠标指定起点，移动至终点

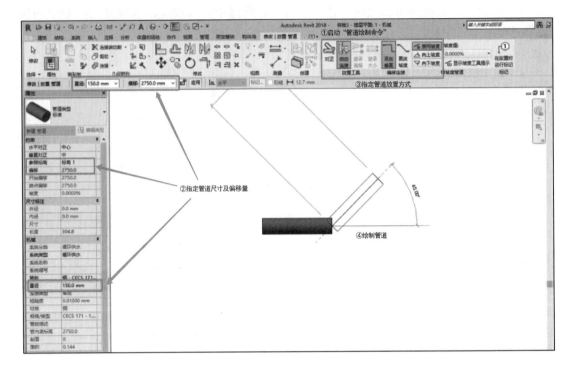

图 6-2-28　绘制管道

位置再次单击，完成一段管道的绘制。可以继续移动鼠标绘制下一管段。绘制完成后，按 Esc 键或者点击鼠标右键，单击快捷菜单中的"取消"，退出管道绘制命令。

提示：①"对正"命令用于指定管道水平和垂直方向的对齐方式。可通过单击"修改｜放置管道"选项栏上"对正"命令打开"对正设置"对话框或通过"属性"对话框进行对齐方式设置（图 6-2-29）。

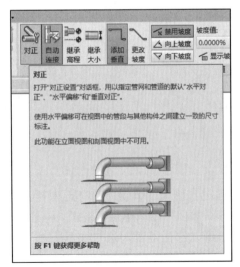

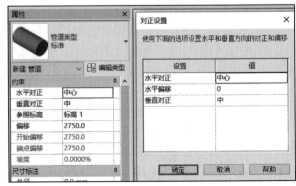

图 6-2-29　对正命令

水平对正：当前视图下，以管道的"中心""左"或"右"侧边缘作为参照，将相邻两段管道边缘进行水平对齐。"水平对正"的效果与管道绘制方向有关，自左向右绘制管道时，选择不同"水平对正"方式的绘制效果（图6-2-30），通常情况下，管道均为中心对正。

图 6-2-30　水平对齐方式

(a) 左对齐；(b) 中心对齐；(c) 右对齐

水平偏移：用于指定管道绘制起始点位置与实际管道绘制位置之间的偏移距离。该功能区多用于指定管道和墙体等参考图元之间的水平偏移距离。"水平偏移"的距离与"水平对齐"设置以及管道绘制方向有关。

垂直对正：当前视图下，以风管的"中""底"或"顶"作为参照，将相邻两段管道边缘进行垂直对齐（图6-2-31）。垂直对正的设置决定管道"偏移量"指定的距离。

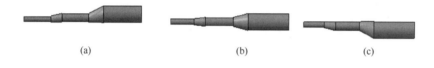

图 6-2-31　垂直对齐方式

(a) 底对齐；(b) 中心对齐；(c) 顶对齐

② "自动连接"命令用于指定某段管道在开始和结束通过连接捕捉构件，这对于连接不同高程管段时非常有效。默认勾选"自动连接"，则绘制两段不在同一高程的正交管道时将自动生成管件完成连接，否则不会自动生成管件完成连接（图6-2-32）。

③ "继承高程"与"继承大小"命令用于继承捕捉图元的高程与大小，默认是非勾选项。勾选后新绘制的管道将继承捕捉到的管道的高程与大小。

（4）管件放置与编辑

管道管件可在执行"修改 | 放置 管道"命令时或选中某管道时通过"属性"→"编辑类型"→"管件"→"布管系统配置-编辑"，打开"布管系统配置"对话框，载入相应管件族并应用于管道系统默认配置使其自动添加，亦可手动添加相应管件。

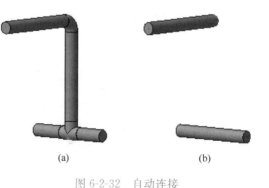

图 6-2-32　自动连接

(a) 勾选自动连接；(b) 未勾选自动连接

1）自动添加管件方式即在"布管系统配置"对话框选用相应的管件，而手动添加则需要在绘制管道时手动插入管件到相应位置或将管件放置到相应位置后手动绘制所需管道。

2）选中某管件时，在该管件周围将出现一组管件控制柄，通过控制柄可修改管件尺寸，翻转管件方向和对管件进行升降级处理。

提示：① 改变尺寸。在管件未与管道连接时通过单击尺寸标注并修改可改变管件尺寸（图 6-2-33）。

② 翻转管件。单击"⇌"可实现管件沿符号方向水平翻转180°。

③ 旋转管件。单击"↻"可实现管件旋转，管件连接管道后将不能旋转（图 6-2-33）。

④ 管件升降级。若选中管件后出现"➕"或"➖"，则表示该管件可以升级或降级。如弯头升级成为三通，四通降级成为三通等（图 6-2-33）。

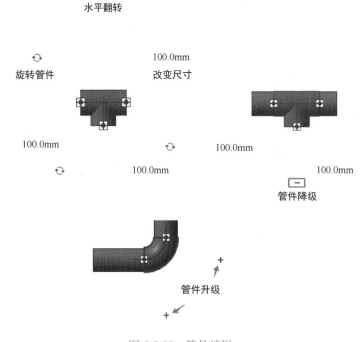

图 6-2-33 管件编辑

（5）软管绘制

软管在平面图和三维视图中均可创建，可通过以下方式进入软管绘制命令：

1）单击功能区"系统"→"软管"。

2）在绘图区右键单击已选中的管道、管件、管路附件或设备的连接件，在弹出的快捷菜单中单击"绘制软管"。

进入"软管"绘制命令后，会同时激活"修改 | 放置软管"上下文选项卡，可对软管的尺寸、偏移量等进行设置，亦可在"属性"中设置软管尺寸、偏移量、系统类型等参数（图 6-2-34）。

软管绘制方法如下（图 6-2-35）：

1）启动"软管"绘制命令。

2）在软管"属性"对话框中选择软管类型。

3）选择软管尺寸。通过"修改 | 放置软管"选项栏上或"属性"对话框中输入或选择所要的绘制尺寸。

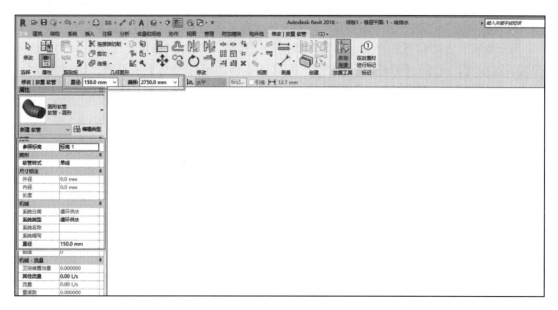

图 6-2-34　绘制软管

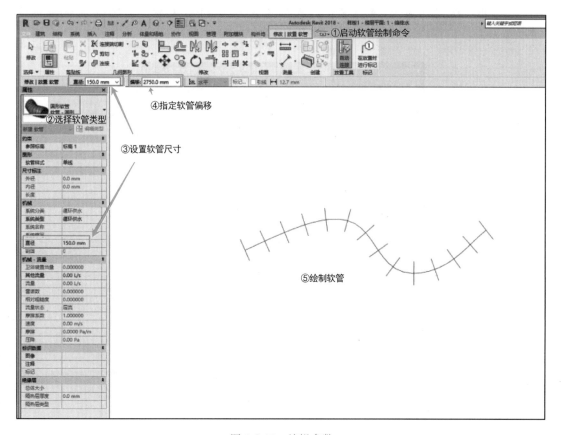

图 6-2-35　编辑参数

4）指定软管偏移。默认"偏移量"是指软管中心线相对于参照标高的距离。通过"修改｜放置软风管"选项栏上"偏移量"内输入或选择所要的偏移量数值，默认单位为毫米。

5）指定软管的起点和终点。将鼠标移至绘图区域，单击鼠标指定起点，移动至终点位置再次单击，完成一段软风管的绘制。可以继续移动鼠标绘制下一管段。绘制完成后，按 Esc 键或者点击鼠标右键，单击快捷菜单中的"取消"，退出软管绘制命令。

提示：通过拖拽软管上的连接件、顶点和切点可实现软风管路径调整。

（6）设备布置

卫浴设备和暖通设备族中，部分是由"基于面的公制常规模型.rft"模板创建而成的，部分是由"公制常规模型.rft"模板创建而成的。

使用"基于面的公制常规模型.rft"模板创建而成的设备族或风口添加到项目中，必须捕捉所要附着的面，如天花板、墙面等，或将其放置在工作平面上；使用"公制常规模型.rft"模板创建的设备族，无法自动捕捉所要附着的面。在布置时，可在"属性"对话框中调整其标高和偏移量。

提示：① 设备旋转。可通过空格键实现90°旋转，或者通过旋转命令实现任意角度旋转。

② 设备连管。选中设备族后，单击创建管道可以直接创建管道；右键点击设备上连接件"⊞"选择创建管道；点击"修改｜机械设备"→"连接到"命令，打开"选择连接件"对话框，选择需要连接的管件，并单击要连接到的风管，均可实现设备连管（图6-2-36）。

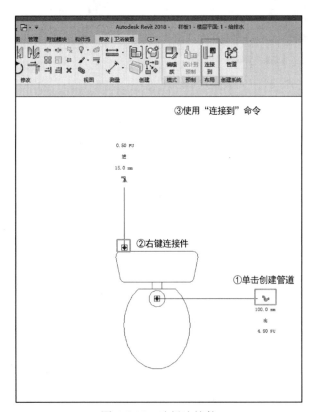

图 6-2-36　选择连接件

（7）实例讲解

根据本教材实例项目给排水设计施工图纸，以室内卫生间给排水大样图中给水系统为例进行实例讲解（图6-2-37）。

1）将卫生器具按照图纸位置进行布置；单击"系统"选项卡，"卫浴和管道"面板下，选择"卫浴装置"命令，进入"修改｜放置卫浴装置"上下文选项卡，选择相应卫浴装置依图进行放置（若项目中没有所需卫浴装置，可利用载入族命令载入对应卫浴装置，如图6-2-38所示）。

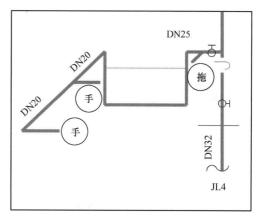

图 6-2-37　室内卫生间给排水大样图

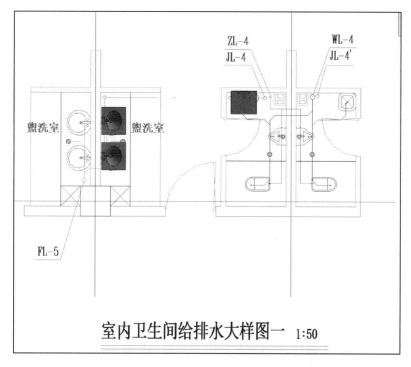

图 6-2-38　室内卫生间给排水大样图

2）绘制供水横支管；单击"系统"选项卡，"卫浴和管道"面板下，"管道"命令，进入"修改｜放置管道"上下文选项卡，选择之前创建的"给水管道"依图进行管道绘制（图6-2-39）。

提示：绘制过程中，需要依据图纸设置管径和管道偏移量，同时注意设置正确的系统类型（如本例中图示管段，直径设置为25mm，偏移设置为500mm，系统类型为冷水供水），如遇管道上下翻弯或变径，直接改变直径及偏移数值即可。

3）设备连管；利用"连接到"命令可实现设备自动连管，选择卫生器具，单击"连接到"，在弹出的"选择连接件"对话框中选择正确的连接件（本例中选择连接件1），单击确定后选择要连接的管道即可（如自动连管无法实现可手动绘制管道，如图6-2-40所示）。

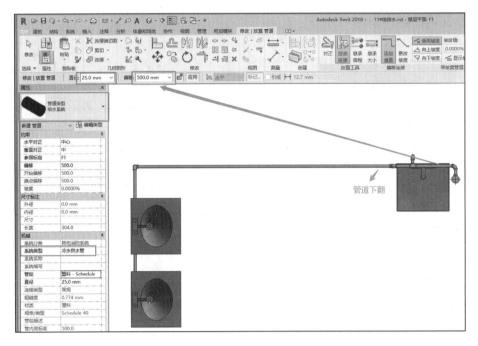

图 6-2-39　绘制供水横支管

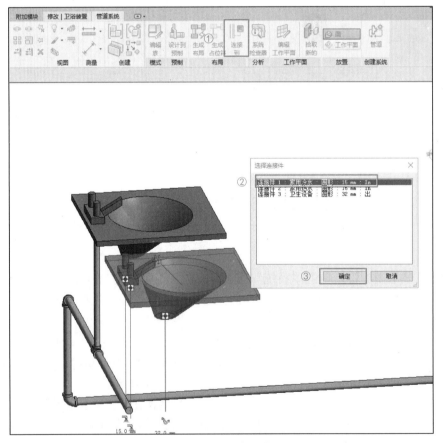

图 6-2-40　设备连管

绘制完成后完整模型如图 6-2-41 所示。

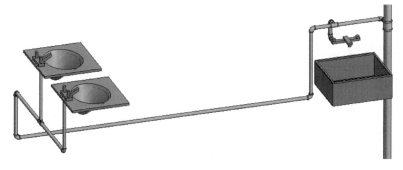

图 6-2-41　绘制完成

BIM 碰撞检查为项目建设保驾护航

　　无锡恒隆广场综合发展项目是集精品购物、高端餐饮、五星级酒店和甲级写字楼等多功能于一体的现代化"城市综合体"，为无锡崇安区 CBD 增添一"重量级"商业航母，也将成为无锡市发展高端服务业的重要载体。项目位于无锡市崇安区中心位置的东大街地块，占地总面积为 3.73 万 m^2。

　　合同图纸存在大量的"错、漏、碰、缺"问题，深化设计难度很大；结构层高低、梁深，管线布置综合平衡非常困难；系统设备参数必须重新复核计算，确保计算结果准确性及高效率十分困难；边设计边施工，图纸变更频繁，深化设计、施工管理困难；专业系统很多，机电管线分布密集，专业交叉施工协调难度大，项目各参与方协调、配合困难；项目本身工程体量大，预留给机电的施工周期短；项目造型复杂，需要加工的材料耗损率控制难度大。

　　项目应用 BIM 模型建设，采用三维可视技术进行深化设计，不断深耕细作、精雕细琢、精益求精。首先，各专业工程师根据图纸对机电各专业进行二维深化设计，并进行初步管线综合平衡设计，同时，BIM 小组对项目设计图纸进行分析，建立 Revit 项目样板，制作族文件，并根据建筑、结构图纸建立建筑和结构模型。其次，待机电专业图纸审批通过后进行各专业设备管线的建模，并将建筑、结构模型与机电各专业模型整合，再根据各专业要求及净高要求将综合模型导入 Navisworks 进行碰撞检查，根据碰撞报告对管线进行调整、避让，得出施工模型。设备管线的建模与调整、避让其实是无法截然分开的过程，常常是一边建模一边调整避让。在空间满足的情况下，尽量满足了布局的美观合理。

6.3 电 气 专 业

1. 创建项目样板

项目样板的设置是一个项目开始的先决条件，只有依托完善的样板文件，才能够进行电气设计。

（1）新建项目样板

单击"文件"→"新建"→"项目"命令，打开"新建项目"对话框（图6-3-1）。单击"浏览"按钮，将项目样板选为"＜无＞"，对话框中"新建"选择"项目样板"，单击"确定"按钮。这样便得到了一个未设定任何参数的空白项目样板。

图 6-3-1　新建项目

提示：选择项目样板文件中的"Electrical-DefaultCHSCHS. rte"文件作为项目样板（图6-3-2），单击"确定"按钮后，选择"公制"。

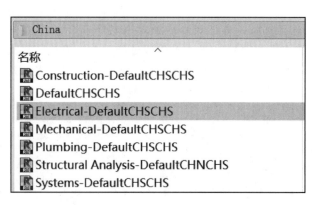

图 6-3-2　选择样板

（2）修改项目样板

以 Electrical-DefaultCHSCHS. rte 样板文件为例进行修改。

修改部分主要集中于"属性"和"项目浏览器"工具栏（图 6-3-3）。

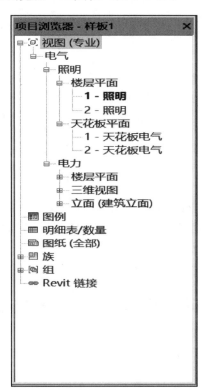

图 6-3-3　属性和项目浏览器

在项目浏览器中分为：照明、电气、弱电和消防，以此 4 套图纸为主。

"项目浏览器"为用户分隔好了相应的平面图及立面图。这里的每个"视图名称"均对应一个平面视图或剖面视图，而平面视图均对应一个建筑标高，不可随意设定。

操作步骤如下：

1）在"项目浏览器"中双击"东-电气"（任意立面视图），会看到立面中默认有两个标高（图 6-3-4）。

图 6-3-4　东-电气立面

2）删去"标高 2"，弹出警告对话框，单击"确定"按钮，见图 6-3-5。确定后，所有相对于"标高 2"所创建出的平面视图，如"2-照明"将被删除，可注意警告内容。之

171

所以删除这一标高是因为每个项目都存在不同的标高设计以及不同的层数，只保留"标高
1"方便用户应用同一项目样板应对各种不同的项目。

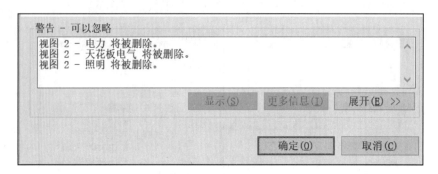

图 6-3-5　删除标高

3）在已有视图基础上复制视图，有以下两种方式：

① 单击要被复制的视图，单击功能区中的"视图"→"复制视图"命令，建立此视图的副本（图 6-3-6）。

② 在项目浏览器中右键点击视图名，单击快捷菜单中的"复制视图"命令。

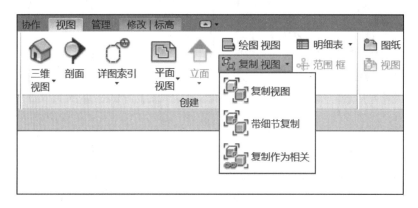

图 6-3-6　复制视图

复制视图有以下三种模式：

A. 复制视图：视图专用图元，将不会被复制到视图中。

B. 带细节复制：视图专用图元，将被复制到视图中。

C. 复制作为相关：复制的视图将显示在被复制视图下方，相关视图成组，且可以像其他视图类型一样进行过滤。

4）以软件自带的项目样板"Electrical-DefaultCHSCHS. rte"为修改基础，但其"项目浏览器"中的规程并不适用于国内设计师的需要。按国内设计习惯分为照明、电气、弱电和消防，每类规程划分楼层平面和天花平面，且只保留一层平面，由属性值对项目浏览器中的视图和图纸进行重新组织、排序、删减，以保证设计人员的需要。

以"副本：1-照明"为例，单击要被复制的视图，在"属性"面板中将"规程"保持为"电气"不变，将"子规程"改为"消防"，然后将"视图名称"改为"1-消防"，单击

"应用"按钮（图 6-3-7）。

同理，其余均按此方法操作，最终可得到分类完整的项目浏览器（图 6-3-8）。

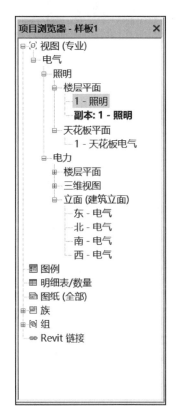

图 6-3-7　修改视图名称　　　　　　　　　　　　　　　图 6-3-8　修改完毕的
项目浏览器

5）按照照明、电气、弱电和消防这 4 个方面分别放入对应的视图样板。

选中视图，在"属性"栏中单击"视图样板"右侧的"无"按钮，在弹出的"应用视图样板"对话框中选择相应名称的样板文件后，单击"确定"按钮（图 6-3-9）。

通过对视图样板的整理与修改可得到照明对应的视图样板为"照明样板"；电气→"电气样板"；消防→"消防样板"；弱电→"弱电样板"。

（3）保存项目样板

单击"文件"→"另存为"→"样板"命令，在弹出的"另存为"对话框中选择保存位置，文件名存为"电气样板（项目名称）"，单击"保存"按钮（图 6-3-10）。

2. 创建视图样板

之所以创建视图样板就是为了载入该视图样板后视图平面上各种族是否显示以及显示的详细程度等，即决定了在该视图平面所能看到的族及其形态。建立好的视图样板可以避免在工作中每一个单独平面都要对视图的可见性等设置逐一调整，节省大量工作内容及时间。

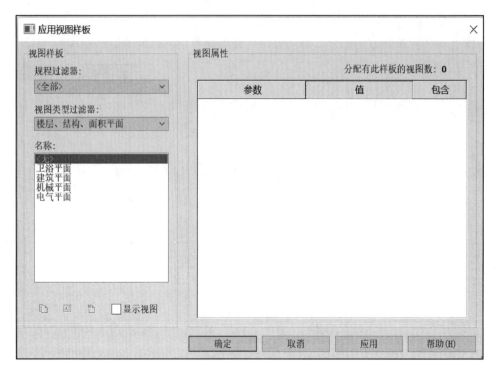

图 6-3-9　应用视图样板

图 6-3-10　保存项目样板

选中任意一个视图，在"属性"中单击视图样板的"无"按钮，在"名称"中选择相应"电气样板"，在"应用视图样板"对话框中，单击"复制"按钮，在弹出对话框的"名称"文本框中输入"照明样板"，单击"确定"按钮（图6-3-11）。

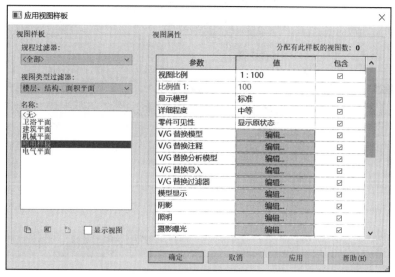

图6-3-11　编辑视图样板

1）一般将"规程""子规程""视图范围"项勾选掉，因为已在属性当中为该视图平面设定好了这几项。视图样板内设定的所有内容的级别均高于在平面视图中对"属性"的相关设定。以"规程"与"子规程"为例，已在视图平面中设定好"规程"与"子规程"的内容，但载入的视图样板如果"规程"为"电气"，"子规程"为"电气"，那么载入后视图平面中属性的"规程"将自动变为"电气"，"子规程"为"电力"，并且在属性中此两项变为灰色显示，将无法继续在属性中修改，如果想修改必须修改视图样板的设置。一般需要设定的为"V/G替换模型"，单击"编辑"按钮，在"可见性/图形替换"对话框中，勾选掉"护理呼叫设备""数据设备""火警设备""电气装置""电话设备""通讯设备"，单击"确定"按钮（图6-3-12），回到图6-3-11所示界面再单击"确定"按钮即可。这里所得到的是照明的视图样板。

2）打钩的每一项，如"护理呼叫设备""数据设备""火警设备"等都针对相应的一类族。通常规定照明的族文件为"灯具"；开关的族文件为"照明设备"；插座的族文件为"电气装置"；消防的族文件为"火警设备"；弱电的族文件为"护理呼叫设备""数据设备""电话设备""通讯设备"。制作相应的视图样板时在需要显示的内容前打钩，将不需要的勾选掉。

为方便区分图元，可以通过对线等设定颜色来加以区分。

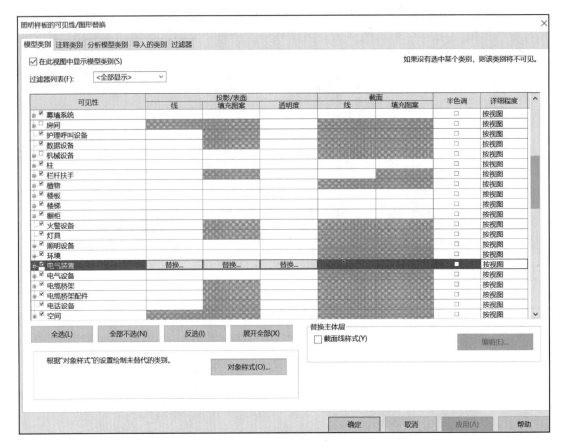

图 6-3-12　可见性/图形替换面板

　　单击"投影/表面"中"线"选项下的"替换"按钮，在弹出的对话框中设定颜色，单击"确定"按钮。单击"截面"中"线"选项下的"替换"按钮，在弹出的对话框中设定为同样颜色，单击"确定"按钮（图 6-3-13）。

图 6-3-13　线图形替换

　　3）视图样板的保存。视图样板是存在于项目文件当中的，所以视图样板应当按前面所述项目样板进行创建并随样板文件一并保存。

3. 项目文件的创建

单击"文件"→"新建"→"项目"命令，打开"新建项目"对话框（图 6-3-14）。单击"浏览"按钮，将项目样板选为"本项目的项目样板文件"（参见前面项目样板的制作），单击"确定"按钮。这样便得到了一个项目文件。

图 6-3-14　新建项目文件

项目文件的其他操作：

（1）平面视图的创建

在功能区中单击"视图"菜单，打开"平面视图"下拉菜单中单击"楼层平面"命令，见图 6-3-15，弹出"新建楼层平面"对话框，默认情况下"不复制现有视图"复选框是勾选上的（图 6-3-16），单击"确定"按钮。此时，在"项目浏览器"中新生成的平面视图相应的规程是"电气"，子规程"电力"。

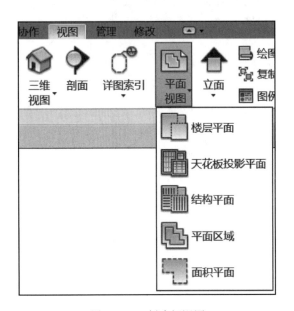

图 6-3-15　创建新视图　　　　　　　　　　图 6-3-16　新建楼层平面

此操作的目的是由标高导出平面视图。在 Revit 软件中，所有的平面视图均位于"项目浏览器"中，每个平面视图均对应唯——个建筑标高。如果将"不复制现有视图"复选框勾选掉，那么将会出现所有标高，勾选则只能出现"项目浏览器"中没有对应平面视图的标高。

得到一个楼层平面，见图 6-3-17。通过对该平面视图"属性"中的"规程""子规程"及"视图名称"的修改，便可将其归类到相应位置。具体操作参见前述内容。例如，两层楼项目文件（图 6-3-18）。

（2）立面视图的创建

立面视图的创建与平面视图相类似。在功能区中单击"视图"，打开"立面"下拉菜单，单击"立面"命令，在绘图区放置立面图标。此时，在"项目浏览器"中生成相应的立面视图，可通过"属性"中的"规程""子规程"及"视图名称"对其调整，且双击就可转换到该立面视图中，选中立面视图在平面中的图标，通过拉伸小箭头可以调整剖面范围。

4. 常用配线

常用配线是电气设计当中的重要内容，涵盖了 BIM 模型中管线综合部分。通过综合管线的三维模型，可以进行碰撞检查，并在设计阶段就将碰撞问题加以解决，可以在很大程度上节约建筑成本和缩短施工工期。

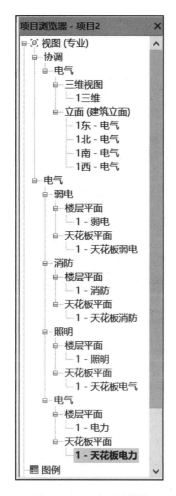

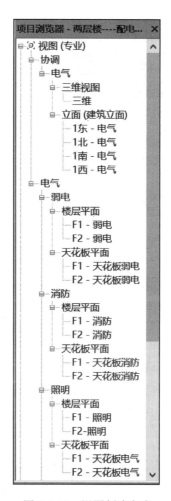

图 6-3-17 项目浏览器   图 6-3-18 视图创建完成

（1）电缆桥架

1）电缆桥架的类型

电缆桥架的类型有两种："带配件的电缆桥架"和"无配件的电缆桥架"。电缆桥架属于系统族，不能创建，但是可以对系统族的类型开展创建、修改、删除等操作。

查看电缆桥架类型的方式：

① 点击"电气"面板上的"电缆桥架"命令按钮，在"属性"选项中点击电缆桥架的名称（图 6-3-19）。在调出的列表中显示当前项目文件中所包含的电缆桥架类型（图 6-3-20）。

② 点击"属性"选项板中的"类型属性"按钮，调出"类型属性"对话框，在"族"选项中显示两个电缆桥架的系统族，在"类型"选项中显示系统族所包含的族类型（图 6-3-21）。

③ 启用"电缆桥架"命令后，在"修改|放置电缆桥架"选项卡中点击"属性"面板上的"类型属性"命令按钮（图 6-3-22），调出"类型属性"对话框，在其中查看电缆桥架的类型。

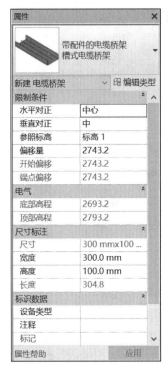

图 6-3-19　电缆桥架属性栏

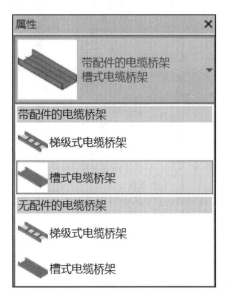

图 6-3-20　电缆桥架类型选择器

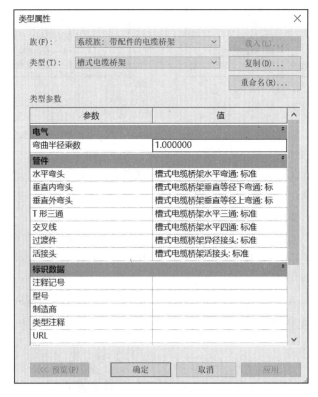

图 6-3-21　电缆桥架类型属性

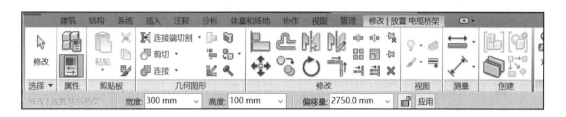

图 6-3-22　绘制电缆桥架

2）电缆桥架配件

从外部载入电缆桥架配件后，在项目浏览器中点击展开"电缆桥架配件"列表，在其中显示当前项目文件中所包含的所有配件类型（图 6-3-23），类型有托盘式、梯级式和槽式，各类型又根据不同的样式可被细分。

点击展开类型类别，选择子类型，按住鼠标左键不放，可将配件拖至绘图区域中，图 6-3-24所示为几种常见的托盘式电缆桥架配件。

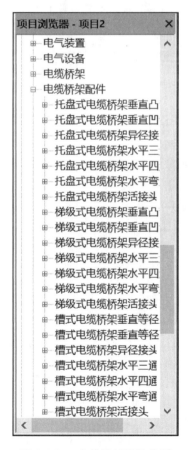

图 6-3-23　电缆桥架配件类别

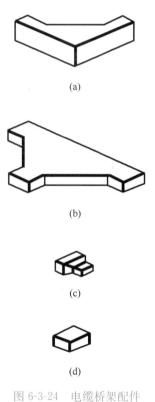

(a)

(b)

(c)

(d)

图 6-3-24　电缆桥架配件
（a）槽式电缆桥架垂直等径上弯通；（b）槽式电缆桥架水平三通；（c）槽式电缆桥架异径接头；（d）槽式电缆桥架活接头

选择配件，会显示配件的连接件、编辑按钮，例如"翻转配件"按钮及"旋转配件"按钮。在连接件上单击鼠标右键，在右键菜单中选择"绘制电缆桥架"选项，可以连接件为起点绘制电缆桥架。临时尺寸参数表示所绘制的电缆桥架的尺寸，点击文字进入编辑状态，修改即是修改即将绘制的电缆桥架的参数（图 6-3-25）。

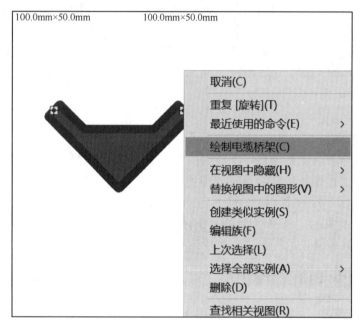

图 6-3-25　编辑电缆桥架配件

3）设置电缆桥架

选择"管理"选项卡，点击"设置"面板上的"MEP 设置"命令按钮，在调出的列表中选择"电气设置"选项，调出"电气设置"对话框。

① 设置基本参数：在对话框中选择"电缆桥架设置"选项卡，在右侧的选项列表中设置电缆桥架的参数（图 6-3-26）。

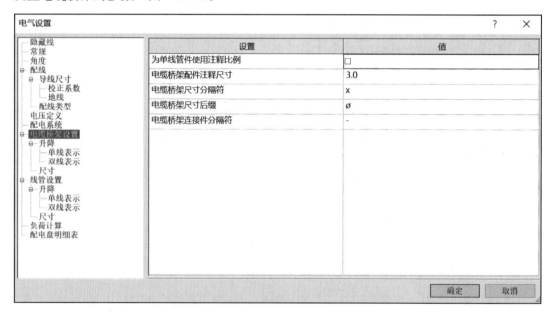

图 6-3-26　电器设置

为单线管件使用注释比例：选择该项，将以下一行"电缆桥架配件注释尺寸"中的尺寸来绘制桥架以及桥架附件。

电缆桥架管件注释尺寸：指定在单线视图中绘制管件的打印尺寸。无论图纸比例为多少，该尺寸始终保持不变。

电缆桥架尺寸分隔符：指定用于显示电缆桥架尺寸的符号。系统默认为"×"，即电缆桥架尺寸为"300mm×100mm"。

电缆桥架尺寸后缀：指定附加到电缆桥架尺寸之后的符号。

电缆桥架连接件分隔符：指定用于在两个不同连接件之间分隔信息的符号。

② 设置"升降"参数：在"电气设置"对话框中选择"升降"选项，在右侧的选项表中显示"电缆桥架升/降注释尺寸"值（图 6-3-27）。

管线升/降注释尺寸：指定在单线视图中绘制的升/降符号的打印尺寸。无论图纸比例为多少，该尺寸始终保持不变。

单线表示：指定在单线视图中使用的升符号和降符号。

双线表示：指定在双线视图中使用的升符号和降符号。

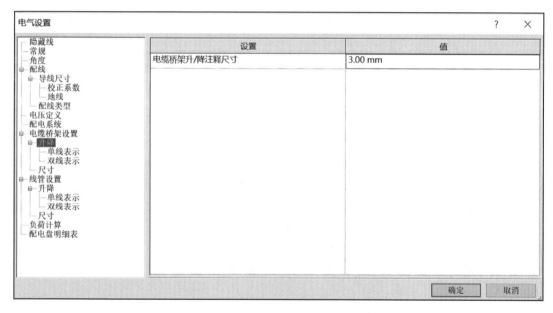

图 6-3-27 设置"升降"参数

③ 设置尺寸参数：在"升降"列表下点击"尺寸"选项，在对话框的右侧显示尺寸列表（图 6-3-28）。点击"新建尺寸"按钮，可以添加新的尺寸参数。点击"删除尺寸"或"修改尺寸"按钮，可以删除或者修改尺寸参数。使用"尺寸"表可以指定能在项目中使用的电缆桥架尺寸。

4）绘制电缆桥架

① 绘制电缆桥架的方式如下：在"电气"面板上点击"电缆桥架"命令按钮（图 6-3-29）。

电缆桥架的绘制可以在平面视图、立面视图、剖面视图、三维视图下进行，在不同的视图下绘制方法略有不同。

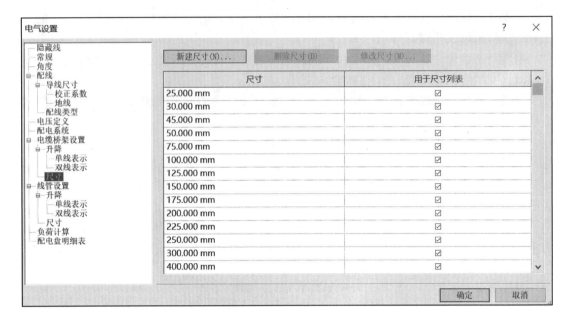

图 6-3-28　设置尺寸参数

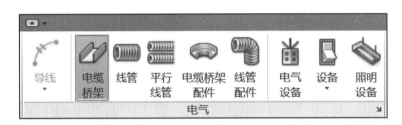

图 6-3-29　电缆桥架命令

具体步骤如下：

A. 选择"系统"-"电缆桥架"（快捷键 CT）。

B. "属性"面板选择电缆桥架的类型。

C. 在"修改 | 放置电缆桥架"选项栏中，修改"宽度"和"高度"，设置桥架的尺寸（图 6-3-30）。

图 6-3-30　绘制参数调整

D. 设置"偏移量"参数，在"偏移量"下拉菜单下，选择合适的偏移量或自定义。偏移量表示电缆桥架中心线相对于当前平面标高的距离。

E. 将鼠标移至绘图区，单击指定桥架的起点，鼠标移至任意位置单击即完成终点绘制。若仍在绘图区，接上一步继续绘制可绘出第二段桥架，它们之间会自动生成连接件（图 6-3-31）。

② 自动连接：默认情况下只有该项为勾选项。如果勾选，则在桥架绘制过程中自动

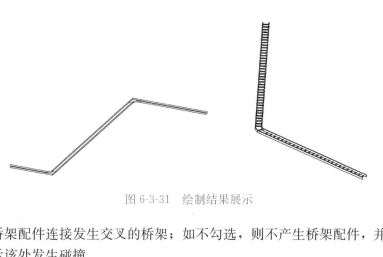

图 6-3-31　绘制结果展示

选择合适的桥架配件连接发生交叉的桥架；如不勾选，则不产生桥架配件，并会在碰撞检查报告中显示该处发生碰撞。

提示：需预先载入电缆桥架配件族。

③ 电缆桥架颜色的设定：在工程设计中会有不同的桥架类型，所以为了区分不同类型的桥架，需设定颜色，下面将举例来进行说明桥架着色。

在三维视图中，先绘制电缆桥架，选择绘制的桥架，单击功能区"类型属性"按钮（图 6-3-32）。在类型属性对话框中，选中"类型"，单击"复制"按钮，在"名称"中输

图 6-3-32　复制电缆桥架

入"强电电缆桥架"（图6-3-33）；单击"确定"按钮，"类型属性"对话框中，单击"确定"按钮，完成桥架族的类型名称命名。

图 6-3-33　为复制电缆桥架命名

在三维视图中，功能区"视图"中选择"可见性/图形"弹出对话框"三维视图：三维的可见性/图形替换"，选择"过滤器"选项卡，单击"编辑/新建"按钮（图6-3-34）。在"过滤器名称"对话框中，单击"新建"按钮，弹出对话框（图6-3-35）。在"过滤器名称"对话框中，输入"强电电缆桥架"，单击"确定"按钮。

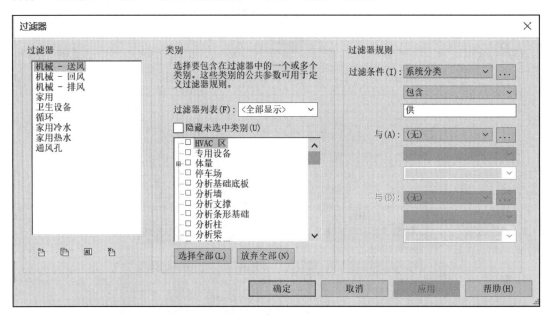

图 6-3-34　过滤器面板

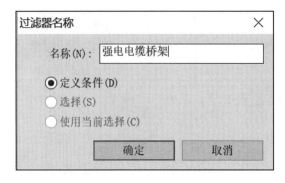

图 6-3-35　创建过滤器项目

在"过滤器"对话框中，"过滤器"下选"强电电缆桥架"，"类别"下勾选"电缆桥架"和"电缆桥架配件"，在"过滤器规则"下选择"类型名称"（图 6-3-36）。

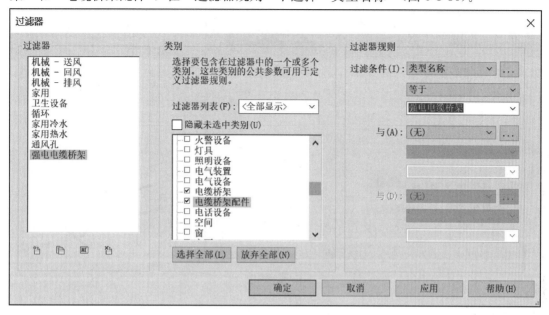

图 6-3-36　设置过滤器规则

在"电气的可见性/图形替换"对话框中，单击"添加"按钮（图 6-3-37），单击"确

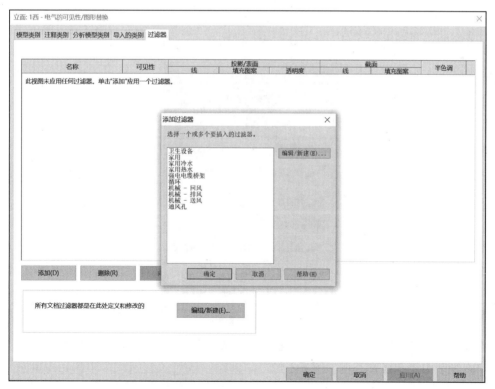

图 6-3-37　添加过滤器

定"按钮,在"填充图案"中选择填充的颜色(图 6-3-38)。

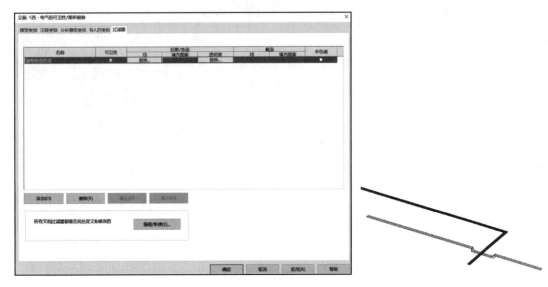

图 6-3-38 设置规则展示

(2)线管

1)线管的类型

与电缆桥架相类似,线管的类型也有两种:一种为"有配件的线管",另一种为"无配件的线管"。查看线管类型的方式如下:

① 选择"电气"面板上的"线管"命令按钮,在"属性"选项中点击线管名称展开列表,在列表中显示当前项目文件中所包含的线管类型(图 6-3-39)。

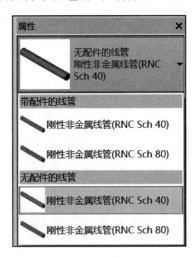

图 6-3-39 线管类型选择器

② 在"属性"选项中点击"类型属性"按钮,在"类型属性"对话框中点击"族"选项,在列表中显示线管类型(图 6-3-40)。

③ 在项目浏览器中展开"线管"列表,在其中显示线管的类型(图 6-3-41)。

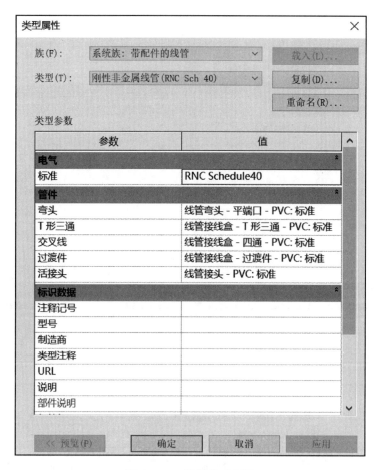

图 6-3-40　线管类型属性

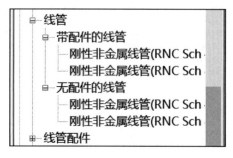

图 6-3-41　线管的类型

2）设置线管

选择"管理"选项卡，点击"设置"面板上的"MEP 设置"命令按钮，在调出的列表中选择"电气设置"选项，调出"电气设置"选项卡，在右侧的列表中设置线管的各项参数（图 6-3-42）。各项参数含义参考电缆桥架的介绍。

选择"尺寸"选项，对话框的右侧设置线管尺寸参数（图 6-3-43）。在"标准"选项列表中选择线管尺寸标准，点击"新建尺寸""删除尺寸""修改尺寸"按钮，对尺寸执行新建、删除、修改操作。

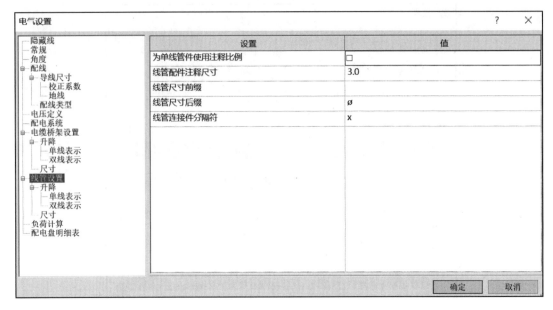

图 6-3-42 设置线管面板

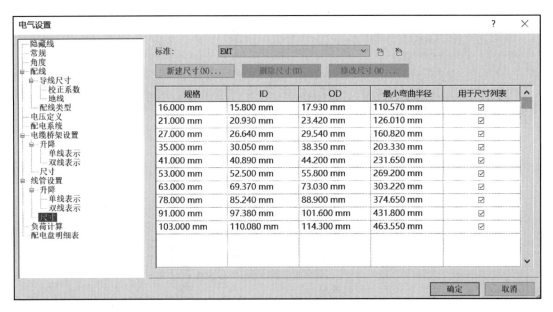

图 6-3-43 设置线管尺寸

"ID" 选项: 指线管的内径大小。

"OD" 选项: 指线管的外径大小。

"最小弯曲半径": 指圆心到线管中心的距离, 即弯曲线管时所允许的最小弯曲半径。

3) 绘制线管

绘制方式 (常用三种) 如下:

① 点击 "电气" 面板上的 "线管" 命令按钮, 如图 6-3-44 所示。

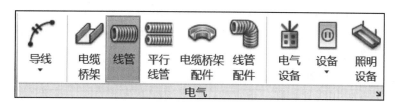

图 6-3-44　线管命令

② 选择线管管件，单击鼠标右键，在菜单列表中选择"绘制线管"选项，如图 6-3-45 所示。

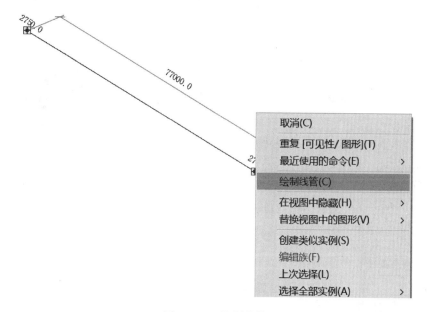

图 6-3-45　绘制线管

③ 输入快捷键 CN。

绘制步骤如下：

① 选择"系统"-"线管"（快捷键 CN），见图 6-3-46。绘制方法同电缆桥架，这里不再赘述。

提示：当绘制带配件的线管不能实现自动连接时需预先载入线管配件族。假若未从外部载入配件族，则选项显示无。

② 平行线管：选择"系统"-"平行线管 "，进入"修改｜放置平行线管"，选择"相同弯曲半径"按钮，并设置"水平数"及"水平偏移"参数（图 6-3-47）。

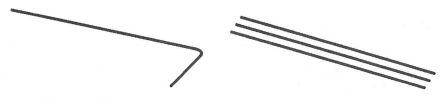

图 6-3-46　绘制完成效果　　　　　　　图 6-3-47　绘制平行线管

提示：平行线管只根据已有的线管进行绘制，绘制出与其水平或是垂直方向的平行线管，并不能直接绘制若干平行线管，而是逐一进行绘制。通过指定"水平数""水平偏移"等参数来控制平行线管的绘制。

③ 绘制线管与配电箱的连接

在平面视图中使用线管绘制一条直线，终点与配电箱上的电气连接件相连，将默认生成竖直部分的管线路由。

提示：首先要在配电箱族的模型中放置"电气连接件"。

在平面视图中放置一含电气连接点的配电箱，在配电箱上右击一个连接点，在弹出菜单中单击"从面绘制线管"，在"表面连接"中随意修改管在这个面的位置，单击"完成连接"（图 6-3-48）。

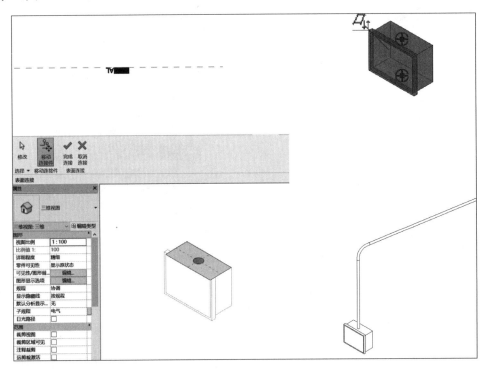

图 6-3-48　连接绘制管线与配电箱

5. 布置设备

链接 CAD 图纸到 Revit 项目中，以 CAD 图纸作为底图，为布置电气设备提供参考。在开始布置设备前，要先锁定 CAD 图纸，以免在布置设备的过程中移动 CAD 图纸而产生混淆。

（1）布灯

1）布置灯具方式一

在项目浏览器中选择照明设备的类型，例如"双管吸顶式灯具"，如图 6-3-49 所示。按住鼠标左键不放，将其拖动到绘图区域中，在"修改｜放置构件"选项卡中点击"放置在工作平面上"命令按钮，如图 6-3-50 所示。单击鼠标左键，可以将照明设备布置在区域平面图上，如图 6-3-51 所示。

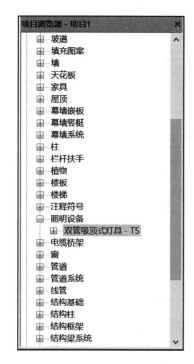

图 6-3-49　双管吸顶式灯具

图 6-3-50　放置在工作平面上

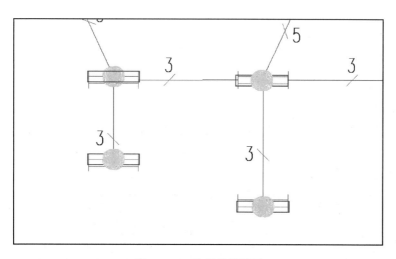

图 6-3-51　放置效果展示

2）布置灯具方式二

选择"系统"选项卡，点击"电气"面板上的"照明设备"命令按钮，如图 6-3-52 所示。

图 6-3-52　照明设备命令

在"属性"选择项中选择照明设备的类型，如图 6-3-53 所示，在放置面上单击鼠标左键，可将设备布置于面上。

图 6-3-53　选择相应灯具

（2）布置配电箱

1）选择放置目标

在"电气"面板上点击"电气设备"命令按钮，在"修改 | 放置设备"选项卡中选择"放置在垂直面上"命令按钮，如图 6-3-54 所示。在"属性"选项卡中选择配电箱样式，如选择"照明配电箱"（图 6-3-55）。

图 6-3-54　选择放置目标

此时，可在绘图区域中预览到配电箱，选择要放置的墙体，单击鼠标左键，布置配电箱，如图 6-3-56 所示。

2）指定设备名称

为了方便创建电气系统，可以为电气设备指定名称。选择配电箱，在"属性"选项中的"立面"中设置配电箱在立面上的垂直距离。在"配电盘名称"选项中为其命名，如图 6-3-57所示。

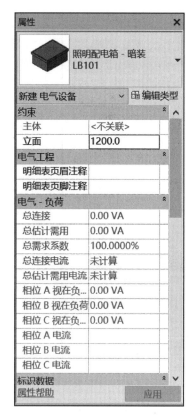

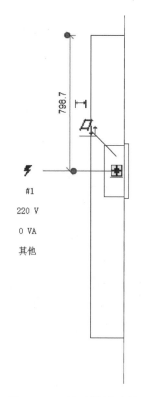

图 6-3-55 选择照明配电箱　　图 6-3-56 放置效果展示　　图 6-3-57 为配电箱命名

6. 导线

前面介绍的电缆桥架以及线管配线的绘制方法虽然在平面与三维当中更符合设计人员日常的制图习惯和施工需要，然而不同于设备专业的风管和水管，风管和水管在该软件中为设计人员赋予了自带的计算公式，加入了自行计算的功能，而桥架与管线在 Revit 软件当中是不具有计算功能的，只是普通的模型族。只有导线是赋予计算功能的，但计算的前提是：在配电箱与配电箱，配电箱与末端之间完全采用导线相连。

（1）自动生成导线

将末端族以及相应的配线箱族放置好，见图 6-3-58，选中连入的末端以及配线箱，然后单击功能区中的"电力"命令，见图 6-3-59。线路可通过"编辑线路"来改变连接方式，通过"选择配电盘"命令来调整所连接的配电盘，在"转换为导线"中选择一种方式，自动完成连接。

（2）手动绘制导线

自动生成导线为设计人员提供了帮助，可以更快捷地完成绘图，但软件有局限性，很多连接方式不能满足设计需要，所以 Revit 软件提供了手动绘制导线的方法。

单击功能区中"系统"-"导线"命令，在"导线"下拉菜单中单击所选导线形式，见图 6-3-60；在"属性"面板中填写"火线""零线"及"地线"的根数，见图 6-3-61。

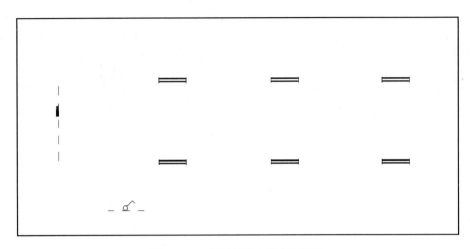

图 6-3-58　放置好的末端与配线箱

图 6-3-59　电力命令

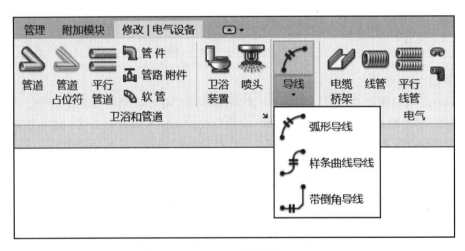

图 6-3-60　导线命令

选中任意族的电气连接点作为起点，单击该点，选中另一族的电气连接点作为终点，单击该点，完成一条导线的绘制，见图 6-3-62。

当采用"弧形导线"绘制时，首先单击起点，后单击中间点，最后单击终点。

当采用"样条曲线导线"绘制时，首先选择起点，后可选择多个中间点，最后选择终点。

导线根数的调整：导线根数既可以在绘制导线时设置好"火线""零线"及"地线"

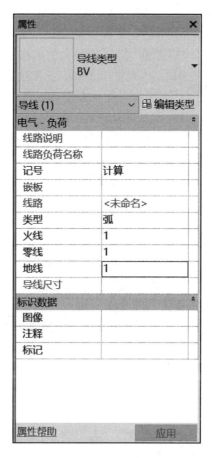

图 6-3-61　导线属性

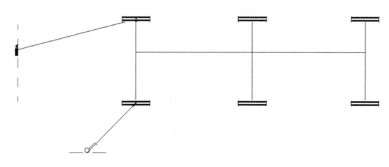

图 6-3-62　绘制导线

的根数，也可以在导线绘制完成后到"属性"对话框中再行调整，或者选中已绘制的导线，通过单击导线上的"＋""－"来调整火线的数量。

7. 绘制图纸

（1）照明设计

1）配电盘放置

前面已述配电箱的布置。如果是放置在地面上的族，如配电柜、地面插座等，只需将放置改为"放置在面上"即可。

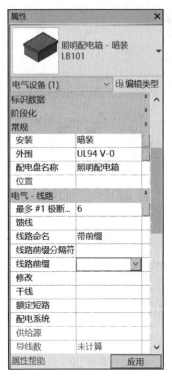

图 6-3-63 配电盘属性

放置好配电箱后，选中配电盘，在"属性"面板中填写"配电盘名称"，将"线路命名"改为"带前缀"，输入"线路前缀"（所输入的名称一般照明为 WL，即照明回路编号），见图 6-3-63。此三项设置是为了方便对配电盘等做平面注释，并且方便直接导出配电盘明细表。

2）灯具放置

前面已述灯具的布置。如果没有灯具，请预先载入灯具族。

3）开关放置

开关放置过程与配电盘的放置基本相同，其区别是：在"系统"下，改为"设备"下拉菜单，单击"照明"命令，见图 6-3-64。

4）配线

在末端族都放置好后，将根据具体项目选择绘制线槽、桥架、线管和导线。

楼层配电箱至分配电箱，采用线槽加线管的绘制方式。配电箱至末端，均采用导线或线槽加导线的绘制方式。因管线较细、数量较多，且一般采用暗敷，用管线表达意义不大，遂采用导线绘制。平面图和三维图见图 6-3-65。

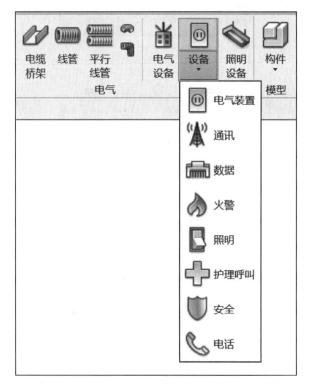

图 6-3-64 照明命令

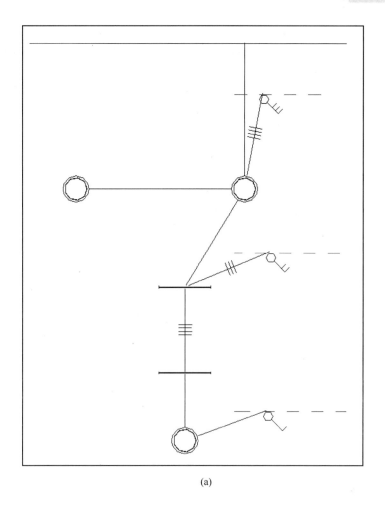

(a)

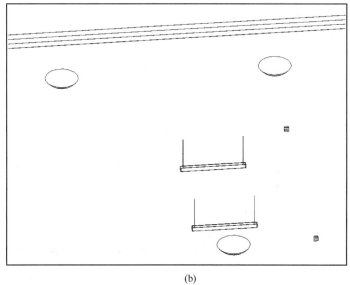

(b)

图 6-3-65 导线绘制

（a）平面图；（b）三维图

（2）电气设计

电气设计中的很多内容与照明设计相近。插座放置过程与配电盘的放置基本相同，其区别在于："系统"-"设备"下拉菜单，单击"电气装置"命令，见图 6-3-66。平面图和三维图见图 6-3-67。

图 6-3-66　电气装置

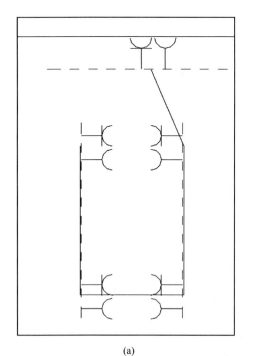

(a)

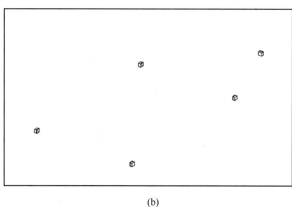

(b)

图 6-3-67　放置插座

（a）平面图；（b）三维图

提示：消防设计与弱电设计，相关的放置方法同照明设计相近，绘制方法大体相同，不再赘述。

 小　结

本章简单介绍了设备模型创建的基本知识，包括风管系统项目创建准备工作、风管绘制及设备布置；管道系统创建的准备工作、项目样板的创建、管道系统的配置及管道系统的绘制；电气项目准备工作、电缆桥架、布置设备及相关的干线线管的绘制等。通过对本章知识的学习，能够使相关专业人员熟练掌握风管系统、管道系统和电气系统创建的流程及相关技巧，能够更好地进行设备系统创建。

 学习反思

7 体量的创建

学习目标

1. 概念体量。了解概念体量的概念；了解概念体量的作用；熟悉内建体量的操作。

2. 体量形状的创建。熟悉体量形状创建的五种方法（拉伸、融合、旋转、放样、放样融合）；体量的形态转换（空心与实心）；体量形状的表面编辑；体量形状间布尔运算。

3. 通过概念体量创建建筑构件。了解有理化处理表面的方式；熟悉通过体量创建相应的建筑构件；通过调整体量形体形状来调整建筑构件形状。

思维导图

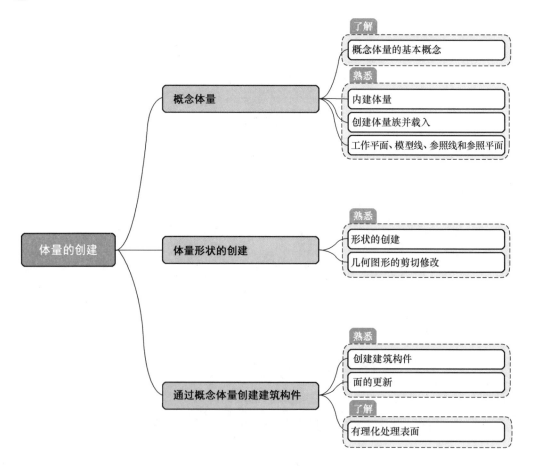

工作流程

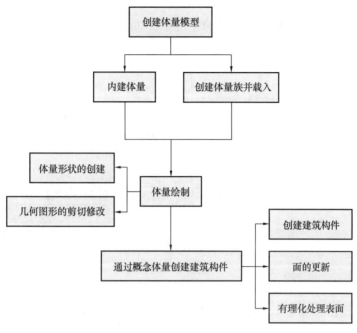

相关知识与典型案例

7.1　概　念　体　量

1. 基本概念

概念体量主要用于项目前期概念设计阶段，可以为建筑师提供简单、快捷、灵活的概念设计模型。同时，概念体量模型可以为建筑师提供占地面积、楼层面积以及外表面积等基本信息。

概念体量可以通过"内建体量"和"载入族"两种方式进入项目中，内建体量通常用于表达项目中独特的体量形状，而当项目中需要多个相同体量实例或在不同项目中重复使用同一体量实例时，以载入体量族的方式更为普遍。

2. 内建体量

在功能区选项卡中的"体量和场地"下选择内建体量（图7-1-1）。

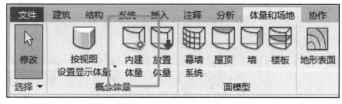

图 7-1-1　内建体量

在弹出的对话框"体量-显示体量已启用"中选择"关闭"对话框即可，此处是为提示体量在项目中由不可见更改为可见（图7-1-2）。

提示：通常新建项目在"可见性｜图形替换"中默认体量为不可见。

在弹出的"名称"对话框中为新建的体量命名（图7-1-3）。

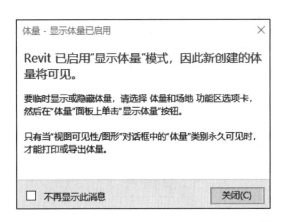

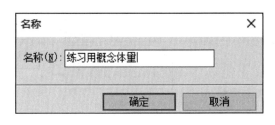

图 7-1-2　启用"显示体量"　　　　　　　　　　　　　　　　图 7-1-3　为新建体量命名

命名完成后点击"确定"按钮，将进入体量绘制界面，这与之前的项目绘制界面布局略有不同。在功能区选项卡的"绘制"面板中选取所需工具创建形状即可（图7-1-4）。

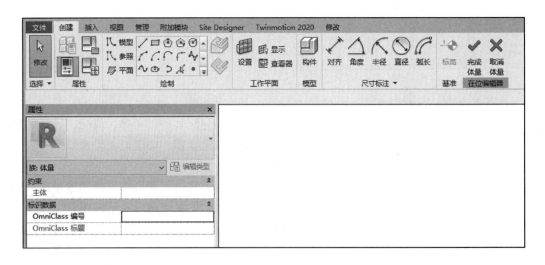

图 7-1-4　体量绘制界面

绘制完成后，点击"完成体量"按钮退出体量绘制界面。

3. 创建体量族并载入

在"文件"菜单中的"新建"选项下选择"族"，并在弹出的"新族-选择样板文件"对话框中选择"概念体量"文件夹中的"公制体量.rft"文件作为样板打开（图7-1-5）。

打开后将进入体量绘制界面，其余过程与内建体量类似。

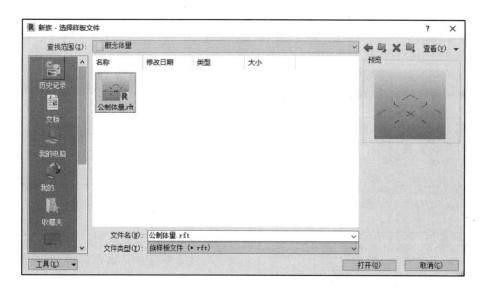

图 7-1-5　选择样板

4. 工作平面、模型线、参照线和参照平面

　　体量的轮廓由模型线构成，而模型线是基于工作平面的图元，所以创建体量的步骤通常为先创建参照线或参照平面，也可直接利用项目中已有几何图形的边线或表面。在创建过程中，会使用到工作平面、模型线、参照线和参照平面等工具（图 7-1-6）。

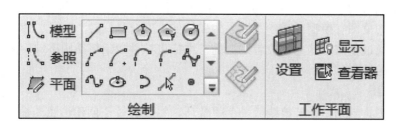

图 7-1-6　绘制栏

　　工作平面是一个用作视图或绘制图元起始位置的虚拟二维表面。可通过"创建"选项卡中的"工作平面"项进行查看和设置，并通过拾取方式指定工作平面（图 7-1-7）。

图 7-1-7　工作平面

模型线是基于工作平面的图元，存在于三维空间且在所有视图中都可见。通过绘制栏里的工具，可在所选定的工作平面中绘制各种直线、矩形、圆形、圆弧、椭圆、椭圆弧及样条曲线等由模型线构成的几何图形（图 7-1-8）。

参照线可用来创建模型几何图形或者作为创建几何图形的限制条件。参照线的绘制工具和方法与模型线相同（图 7-1-9）。

图 7-1-8　模型线

图 7-1-9　参照线

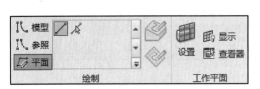

图 7-1-10　参照平面

参照平面在创建族时是一个非常重要的部分。参照平面会显示在为模型所创建的每个平面视图中。可以使用"参照平面"工具来绘制参照平面，共有"线"和"拾取线"两种方法（图 7-1-10）。

7.2　体量形状的创建

1. 形状的创建

通过绘制栏中的绘制工具，绘制开放的线或者闭合环来创建所需的形状。"创建形状"命令通过拾取的草图（模型线或参照线）生成拉伸、融合、旋转、放样、放样融合等多种形状的对象。通过生成形状的边或者线上的三维拖曳控件或编辑绘图区域中的临时尺寸标注，修改形状的外观。

（1）拉伸

使用绘制工具绘制一条开放线或一个闭合环，然后通过"创建形状"命令生成形状（图 7-2-1）。

概念体量
——拉伸

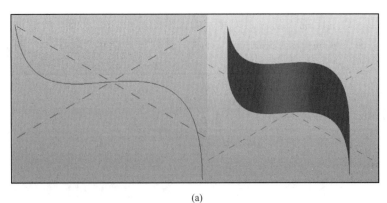

(a)

图 7-2-1　拉伸（一）

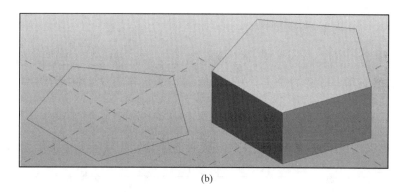

(b)

图 7-2-1　拉伸（二）

（2）融合

在不同的面上通过两个及以上打开或闭合的轮廓创建而成（图 7-2-2）。

概念体量
——融合

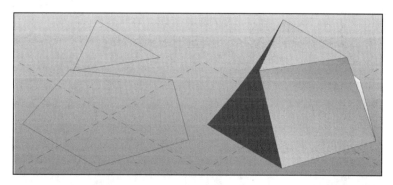

图 7-2-2　融合

（3）旋转

通过同一平面内的直线和开放或闭合轮廓进行创建。直线作为旋转的轴，轮廓作为形成旋转的表面（图 7-2-3）。

概念体量
——旋转

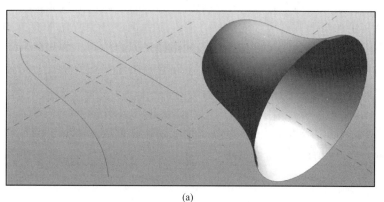

(a)

图 7-2-3　旋转（一）

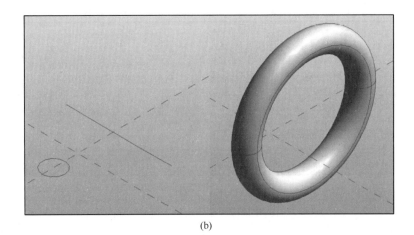

(b)

图 7-2-3　旋转（二）

选择生成旋转的轮廓外边缘，拖拽上下方向的控制箭头，可以将旋转打开(图 7-2-4)。

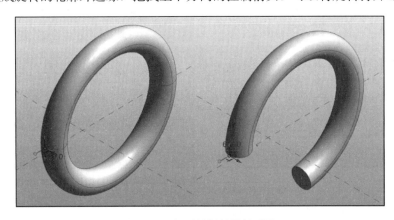

图 7-2-4　打开封闭的旋转形体

（4）放样

放样是将一个二维形体对象作为沿某个路径的剖面，而形成复杂的三维对象。由路径和轮廓两部分构成，轮廓所在平面应垂直于路径所在平面。如果轮廓是基于闭合环生成的，可以使用多段的路径来创建放样。如果轮廓不是闭合的，则无法沿多段路径进行放样。如果路径是由单一线所构成，可使用开放的轮廓创建（图 7-2-5）。

概念体量
——放样

（5）放样融合

通过垂直于路径绘制的闭合或开放的多个二维轮廓创建的形状。与放样不同，放样融合无法沿着多段路径创建。但是，轮廓可以是开放、闭合或是两者的组合（图 7-2-6）。

概念体量
——放样融合

2. 几何图形的剪切修改

在选定二维轮廓进行"创建形状"时，打开命令中的下拉菜单，可选择"实心形状"和"空心形状"（图 7-2-7）。

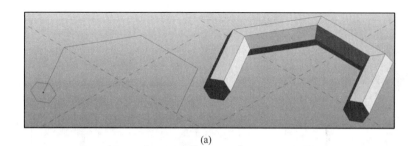

(a)

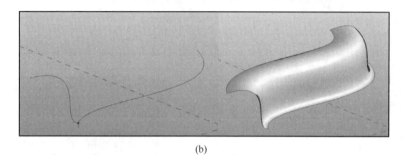

(b)

图 7-2-5　放样

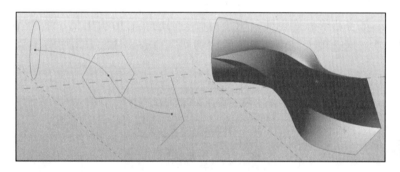

图 7-2-6　放样融合

图 7-2-7　实心与空心形状

　　创建出的空心或实心形状可通过其属性栏标识数据中的"实心/空心"进行切换，但当多个形状通过"剪切"或"连接"的方式组合在一起，该选项不会显示（图 7-2-8）。

　　通常所创建的空心形状会自动剪切与其相交的实心形状，剪切所产生的效果属于三维

209

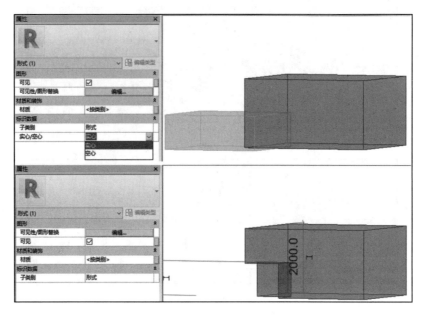

图 7-2-8　剪切

图形布尔运算。如空心形状在创建时未与需要剪切的实心形状相交，而是后移动至相应位置，则需使用功能区选项卡修改菜单下的"剪切"命令，依次点击要剪切的几何图形即可（图 7-2-9）。

图 7-2-9　剪切与取消剪切命令

7.3　通过概念体量创建建筑构件

1. 创建建筑构件

使用功能区选项卡"体量和场地"中的"幕墙系统""屋顶""墙"和"楼板"命令，可通过拾取体量模型的线或面创建相应的建筑构件。

"幕墙系统"命令同样在功能区"建筑"选项卡下显示，此处并无区别。激活命令后可通过弹出的上下文选项卡进行"多个选择""清除选择"及"创建系统"三项操作（图 7-3-1）。

"楼板"命令与功能区建筑、结构选项卡下的"楼板"命令中的"面楼板"作用相同，与"幕墙系统"命令一样，激活后会在上下文选项卡中弹出如上文所述的三个选项，根据需要进行操作即可。与此相同的还有"屋顶"命令（图 7-3-2）。

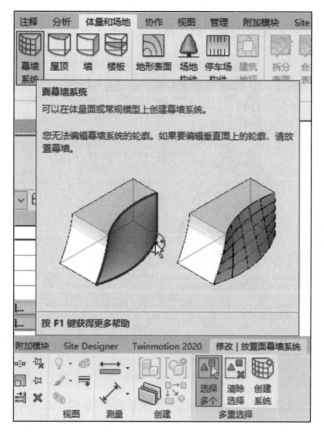

图 7-3-1 幕墙系统

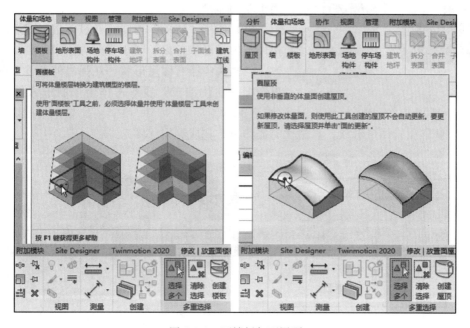

图 7-3-2 面楼板与面屋顶

"墙"命令激活后相当于激活了建筑、结构选项卡中的"面墙"命令。在绘制栏中选取"拾取面",通过"拾取面"命令,拾取体量模型的线与面创建墙(图 7-3-3)。

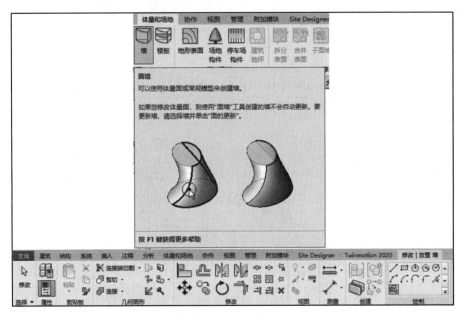

图 7-3-3　面墙

2. 面的更新

通过"面的更新"命令,可以在调整体量形体后将之前通过拾取体量表面生成的建筑构件更新,以适用于新的体量。

(1)使用"移动"功能将通过体量创建好的建筑构件与体量形状分离,便于观察(图 7-3-4)。

(2)选中原有体量形状,在弹出的上下文选项卡里选择"在位编辑"或双击体量形状进入编辑模式(图 7-3-5)。

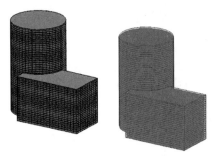

图 7-3-4　分离体量与建筑构件

(3)调整原有体量形状,点击"完成体量"完成编辑(图 7-3-6)。

图 7-3-5　在位编辑

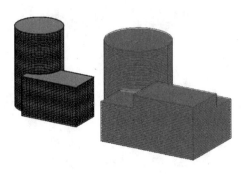

图 7-3-6　完成编辑

（4）选择建筑下部裙房幕墙，在弹出的上下文选项卡中选择"面的更新"（图7-3-7）。

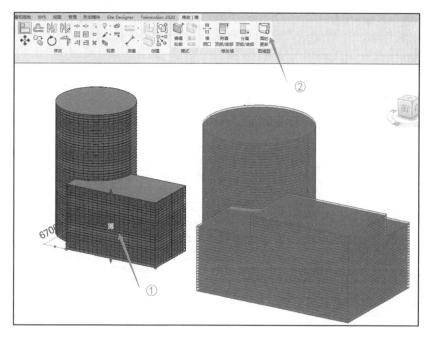

图 7-3-7 面的更新

（5）之前生成的幕墙构件就会依附在修改过的体量形状上，并自动调整轮廓（图7-3-8）。

3. 有理化处理表面

可以通过分割一些表面（平面、规则表面、旋转表面和二重曲面），来将表面有理化处理为参数化的可构建构件。例如曲面形式的建筑幕墙中，幕墙由多块平直嵌板沿曲面方向平铺布置而成，要得到每块幕墙嵌板的具体形状和安装位置，必须先对曲面进行划分，才能获得相应的数据。

有理化处理表面是通过"分割表面"命令对表面进行网格划分的。可以通过 UV 网格分割表面，也可以使用相交的三维标高、参照平面和参照平面上所绘制的曲线来分割表面。

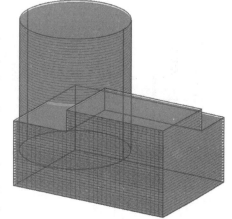

图 7-3-8 完成面的更新

（1）通过 UV 网格分割表面

选择需要分割的表面，在功能区选项卡选择"修改｜形状图元"中的"分割表面"（图7-3-9）。

通过修改工具栏或"分割的表面"的属性栏中的参数，来改变网格线的间距、对齐方式、角度等参数；也可在"默认分割设置"对话框中设置默认的网格数量、间距以及分割路径。此处需注意 UV 网格的编号与幕墙网格线的编号所表达的意思一致，均指网格线的数量（图7-3-10）。

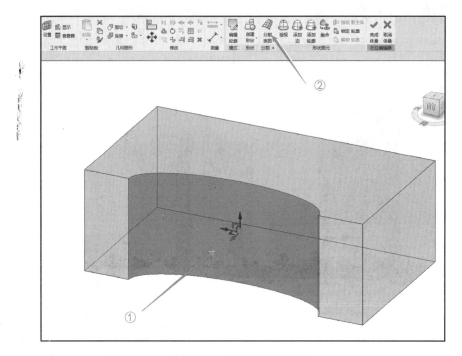

图 7-3-9　选择要分割表面

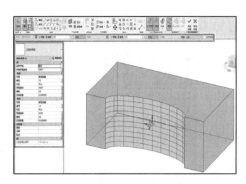

图 7-3-10　调整分割参数

　　也可通过网格中央附近的按钮"配置 UV 网格布局"来实现对网格线的编辑（图 7-3-11）。

　　选择被分割的表面，可在功能区选项卡"修改｜分割表面"选项下的"表面表示"中通过"表面"命令开关 UV 网格表面显示（图 7-3-12）。

　　当表面显示（也就是"表面"开关处于打开状态）时，可打开"表面表示"对话框（图 7-3-13）。

　　在"表面表示"对话框中可对表面的材质进行编辑，也可控制"节点"与"UV 网格和相交线"的显示状态；也可对填充图案的轮廓线和图案材质进行管理。

　　（2）通过相交参照分割表面

　　根据需要添加标高和参照平面，也可在与形状平行的参照平面上绘制曲线（图 7-3-14）。

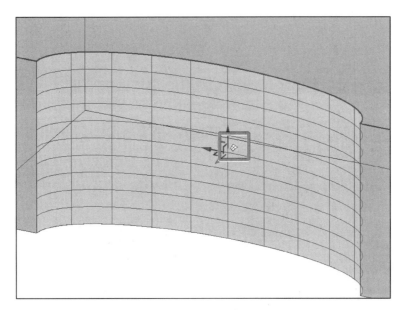

图 7-3-11　配置 UV 网格布局

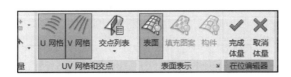

图 7-3-12　UV 网格表面显示开关

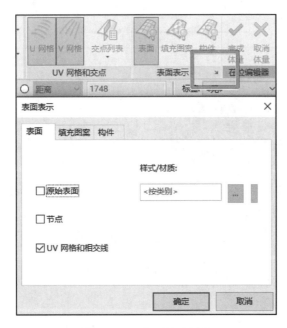

图 7-3-13　表面显示开关

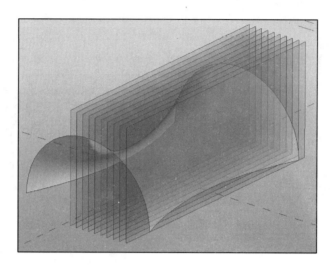

图 7-3-14　绘制平行的参照平面

选择要分割的表面，在功能区选项卡选择"修改｜形状图元"中的"分割表面"，并关闭 UV 网格。在"交点"列表下拉菜单中选择"交点"，然后选择需要参与分割的标高、参照平面以及参照平面上所绘制的曲线，选择完毕后点击"完成"按钮生成分割（图 7-3-15）。

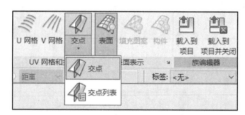

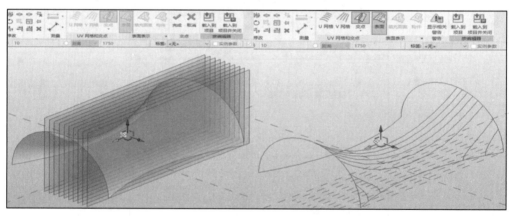

图 7-3-15　通过交点分割

 小　结

本章介绍了概念体量的基本概念，内建体量和创建体量族并载入的方法；体量形状的

创建和几何图形的剪切修改，如何通过概念体量创建建筑构件；通过概念体量创建建筑构件的方法等基本知识，通过对本章知识的学习，学员能够更好地了解体量的概念和应用方法，提高工作效率和准确性。

8 族 的 创 建

1. 族及族的类型。了解族的概念与作用、族的类型及族样板文件。

2. 内建模型。熟悉内建模型形状的五种方式；内建模型形状的转换（空心与实心）；内建模型形状间的布尔运算。

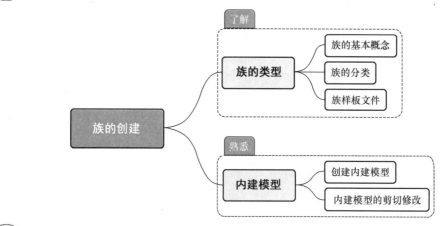

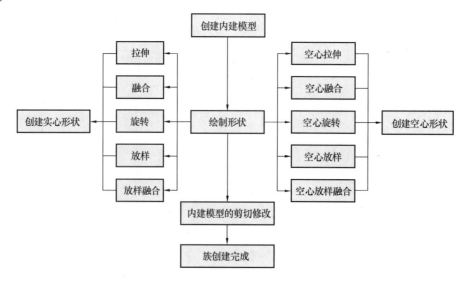

8.1 族 的 类 型

1. 族的基本概念

族是一个包含通用属性（称作参数）集和相关图形表示的图元组。

通过使用预定义的族以及在 Revit 中创建新族，可以将标准图元和自定义图元添加到建筑模型中，也可使用族编辑器来修改现有图元，或创建新的图元以满足项目的特定需要。在此基础上通过族，还可以对用法和行为类似的图元进行某种级别的控制，以便用户轻松地修改设计和更高效地管理项目。

所有在项目中添加的图元都是由族构成的，例如建筑中的墙、梁、板、柱、门、窗、屋顶等建筑构件，以及用于记录建筑模型的文字、尺寸标注、详图索引、装置、标记和详图构件等。

应用 BIM 族构件提高效率实例

大连市某酒店项目，用地面积 5900m²，占地面积 2655m²；地上建筑面积 40700m²，地下建筑面积 12330m²，总建筑面积 53030m²。

本项目的设计目标是为大连中山广场商圈及未来的东港商圈提供一个包含居住、商业、会议三种功能的城市核心区高端居住服务综合体项目；商业、会所、会议服务于酒店与公寓，同时三种功能又能形成良好互动。

由于方案设计和施工图是两个团队，所以存在着多团队、多专业、多层次的协同，在绘图中，仍然会有不少方案的调整和修改，这使得设计单位确定要使用 BIM 技术手段来提高协同效率，同时项目本身工期比较紧张，所以在保证设计质量的前提下，还要尽可能地提高效率。

在整个 BIM 实施的过程中，为了提高项目的管理效率，设计团队定制了大量的各专业 BIM 族构件，通过族的参数，使得同类型的构件创建快速而准确，同时如有修改，也只需要通过族的参数调整即能实现。在施工图布置阶段，设计团队还创建了各专业的各种视图样板，极大地提高了施工布图的规范性，也大大提高了布施工图纸的效率。最终帮助设计团队，按时完成整个项目。

通过本项目的 BIM 实施，设计单位已经充分感觉到 BIM 将对整个建筑行业带来巨大的改变和机遇，抓住这个机遇将会使建筑设计单位在行业竞争中保持优势，反之很可能就会被甩在后面。同时，通过项目的 BIM 积累，也为设计单位下一步大面积的推广和实施 BIM 技术奠定了扎实的基础，也将会为设计单位创建越来越多的更高品质的建筑项目。

2. 族的分类

（1）系统族

作为软件自带的族，其具有完善的参数体系和一定程度的可编辑性，可在用户所创建的不同项目中使用，例如墙、楼板、屋顶等建筑构件和标高、轴网、尺寸等注释图元。

（2）标准构件族

通过单独的族样板创建，具有很高的可编辑性，其中所需参数均由用户自行设置，标准构件族既可以是建筑构件也可以是注释图元，与系统族相同，标准构件族也可在不同项目中使用。

（3）内建族

内建族是用户根据项目需求，在当前项目中创建的族，仅供当前项目使用，不可用于其他项目。

3. 族样板文件

族样板文件是".rft"结尾的文件，创建族时，软件会提示选择一个与该族所要创建的图元类型相对应的族样板。该样板相当于一个构件块，其中包含在开始创建族时以及在项目中放置族时所需要的预制信息。

尽管大多数族样板都是根据其所要创建的图元族的类型进行命名，但也有一些样板在族名称之后包含"基于墙（天花板、楼板、屋顶、线、面）的样板"，由此类样板创建的族（也就是依附于主体构件而存在的族），例如门、窗、尺寸标注等。对于基于主体的族而言，只有存在其主体类型的图元时，才能放置在项目中。同样它们会随着主体构件的删除而被删除。

概念体量主要用于项目前期概念设计阶段，可以为建筑师提供简单、快捷、灵活的概念设计模型。同时，概念体量模型可以为建筑师提供占地面积、楼层面积以及外表面积等基本信息。

族样板文件分为以下几类：

（1）基于墙（天花板、楼板、屋顶、线、面）的样板

使用该样板，可以创建插入主体构件的构件，可以附着在主体构件的表面，亦可包含洞口。因此，当在主体构件上放置该构件时，会在放置部位将主体构件剪切出洞口。例如墙体上的门窗、天花板上的隐蔽式照明设施、屋顶的天窗等。

基于线的样板可以创建采用两次拾取放置的详图族和模型族。

使用基于面的样板可以创建基于工作平面的族，这些族可以修改它们的主体。从样板创建的族可在主体中进行复杂的剪切。这些族的实例可放置在任何表面上，而不考虑它自身的方向。

（2）独立样板

独立样板用于不依赖于主体的构件。独立样板创建的构件可以放置在模型中的任何位置，可以相对于其他独立构件或基于主体的构件添加尺寸标注。例如，基础、家具、电气器具、风管以及管件等。

（3）自适应样板

使用该样板可创建需要灵活适应许多独特关联条件的构件。由于自适应特点的存在，其可以依据需求自由变化，能够满足构件需要灵活适应独特概念的情况，同时也使得设计

者在设计阶段既需要随时修改模型又希望修改时可以保持模型之间原有的相互关系的要求可以实现。

（4）专用样板

当族与模型进行特殊交互时需要使用专用样板，这些族样板仅特定于一种类型的族。例如，"结构框架"样板仅可用于创建结构框架构件。

8.2 内建模型

1. 创建内建模型

在"建筑"选项卡中的"构件"下拉菜单中选择"内建模型"激活命令。在弹出的"族类别和族参数"中选择需要新建的项，点击"确定"并给新建图元命名后进入编辑模式（图8-2-1）。

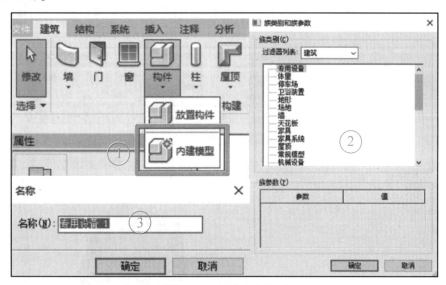

图8-2-1 新建内建模型

通过"拉伸""融合"及"放样"等工具和相应命令绘制栏中的绘制工具，绘制开放的线或者闭合环来创建所需的形状。通过生成形状的边或者线上的三维拖曳控件或编辑绘图区域中的临时尺寸标注、修改形状的外观（图8-2-2）。

图8-2-2 内建模型的绘制工具

（1）拉伸

使用绘制工具绘制一个或者多个不相交的闭合环，然后通过"创建形状"命令生成形状（图8-2-3）。

内建模型
——拉伸

221

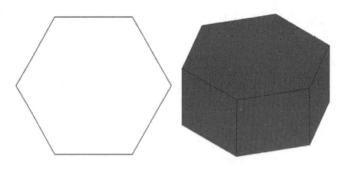

图 8-2-3　拉伸命令

（2）融合

在不同的面上通过两个及以上闭合的轮廓创建而成。

激活"融合"命令后，默认进入"编辑底部"模式，在绘制区使用草图线绘制一个闭合轮廓，绘制完毕后在功能区"模式"下选择"编辑顶部"来创建顶部轮廓草图（图 8-2-4）。

内建模型
——融合

图 8-2-4　融合命令

轮廓草图绘制完成后，点击"完成"生成融合（图 8-2-5）。

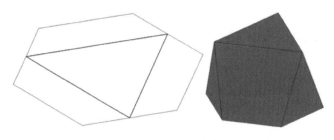

图 8-2-5　融合图形

（3）旋转

通过同一平面内的直线（轴线）和闭合轮廓（边界线）进行创建，轴线不可与边界线相交（图 8-2-6）。

内建模型
——旋转

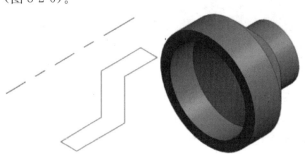

图 8-2-6　旋转命令

（4）放样

放样是将一个二维形体对象作为沿某个路径的剖面，进而形成复杂的三维对象。由路径和轮廓两部分构成，轮廓所在平面应垂直于路径所在平面，且轮廓必须是闭合的(图 8-2-7)。

内建模型
——放样

图 8-2-7　放样命令

（5）放样融合

放样融合通过垂直于路径绘制的闭合二维轮廓创建的形状，与"融合"和"放样"相似，需要创建两个轮廓草图和一条多段线作为路径（图 8-2-8）。

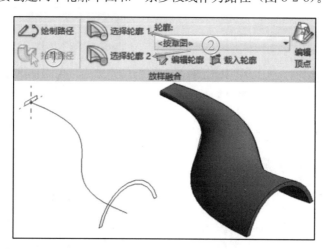

内建模型
——放样融合

图 8-2-8　放样融合命令

2. 内建模型的剪切修改

在创建内建模型时，除之前介绍的 5 种创建实心形状的命令外，还有与之对应的 5 种命令，用来创建空心形状（图 8-2-9）。

创建出的空心或实心形状可通过其属性栏标识数据中的"实心/空心"进行切换，但当多个形状通过"剪切"或"连接"的方式组合在一起，该选项不会显示（图 8-2-10）。

通常所创建的空心形状会自动剪切与其相交的实心形状，剪切所产生的效果属于三维图形布尔运算。如空心形状在创建时未与需要剪切的实心形状相交，而是后移动至相应位置，则需使用功能区选项卡修改菜单下的"剪切"命令，依次点击要剪切的几何图形即可（图 8-2-11）。

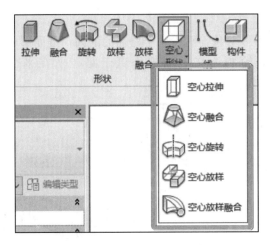

图 8-2-9　空心形状命令

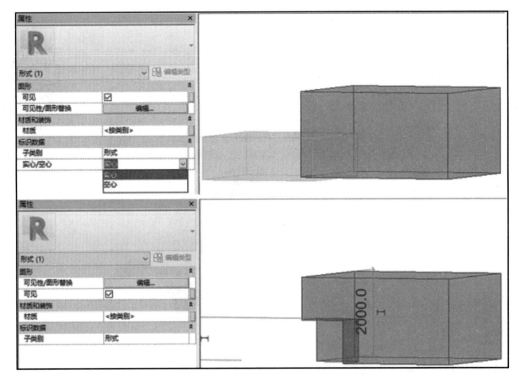

图 8-2-10　空心形状编辑

图 8-2-11　空心剪切命令

 小 结

本章介绍了族的概念与作用，族的类型、族样板文件以及内建模型的创建方法等知识。通过对本章知识的学习，学员能够在建模过程中，可更加便捷地创建出项目所需构件，使今后在创建族文件选择样板时，有更明确的目标。

 学习反思

9　成　果　输　出

学习目标

1. 详图。了解详图大样的创建方法；熟悉详图大样的修改。

2. 明细表。了解明细表的作用；熟悉明细表的创建及调整方式。

3. 模型整合。了解模型整合的作用；熟悉链接模型的方法。

4. 模型漫游。了解模型漫游的概念；熟悉漫游路径的创建、关键帧的修改、漫游动画的导出及链接模型的方法。

5. 模型渲染。了解模型渲染的概念；熟悉相机的创建、相机的修改、渲染参数的设置。

6. 图纸。了解创建图纸的基本概念；熟悉创建图纸的操作、将创建好的图纸导出为PDF文件及将创建好的图纸导出为DWG文件。

思维导图

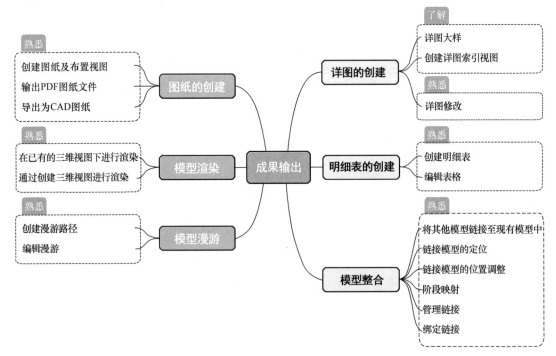

 工作流程

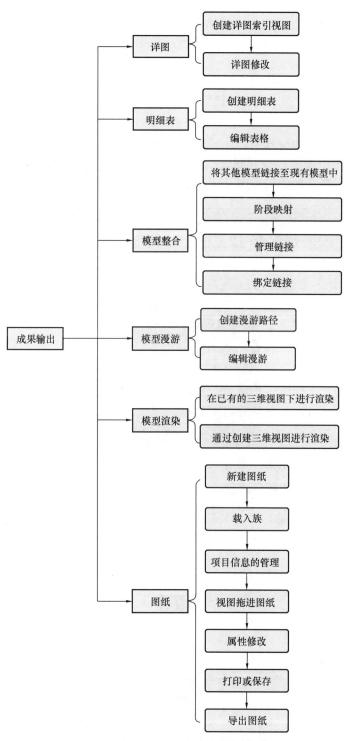

相关知识与典型案例

9.1 详图的创建

1. 详图大样

在施工图设计过程中，详图不仅能体现出工程的重点和难点，同样能够体现出设计人员的基本功。在软件中，用户可以创建详图索引视图和参照详图索引视图。

2. 创建详图索引视图

（1）打开建筑模型相应视图，在"视图"选项卡中点击"详图索引"，默认索引框为矩形，此时在视图中拖拽放置详图索引框即可。此时在"项目浏览器"中会出现详图视图，双击即可查看创建的索引视图（图 9-1-1）。

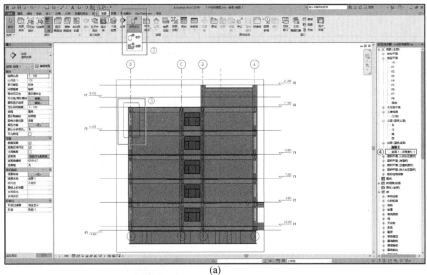

(a)

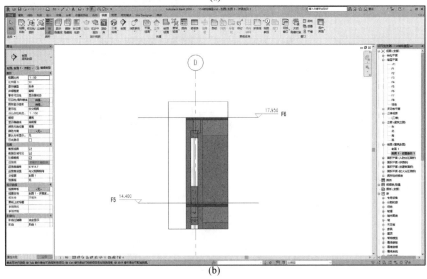

(b)

图 9-1-1　创建详图索引

索引框外边界可以为任意多边形，点击"详图索引"下拉菜单，选取"草图"，则可画任意闭合多边形进行索引框的编辑，也可以双击索引框进行边界的编辑。此外，在索引所在的详图视图中，也可以进行索引框的编辑。删除索引框的同时，详图所在的视图也会同时删除。

（2）裁剪调整。在相应视图中选择之前放置的详图索引框，通过"移动"命令可调整其位置；通过拖拽"夹点"可调整其范围；通过"垂直视图截断"和"水平视图截断"可截断视图（图 9-1-2）。

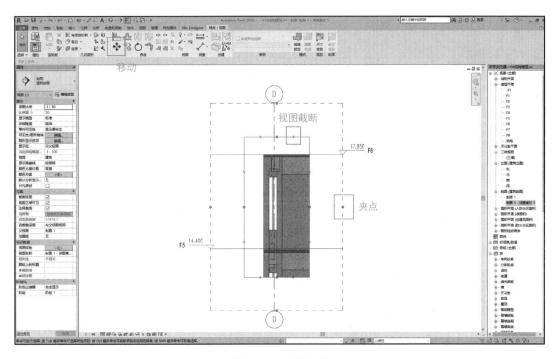

图 9-1-2　裁剪调整

也可通过上下文选项卡"修改｜视图"中的编辑裁剪和尺寸裁剪进行调整。

3. 详图修改

详图索引视图创建以后，要对详图的具体做法加以标注、补充及修改。

（1）详图线

单击"注释"选项卡中的"详图线"按钮，可以在详图中添加各类线型，可以绘制或者标注详图，以丰富详图内容。

（2）详图构件

单击"注释"选项卡中的"详图构件"按钮，在"属性"面板的下拉菜单中可以选择需要添加的详图构件。此外，点击"编辑类型"可以载入多种详图构件。例如，载入/详图项目/结构/钢筋绘制方法/链接详图（图 9-1-3）。

（3）填充区域

单击"注释"选项卡中的"区域"按钮，在下拉菜单中选择"填充区域"，绘制填充区域边界线。单击填充区域，在"属性"面板中单击"编辑类型"可进行填充属性的编

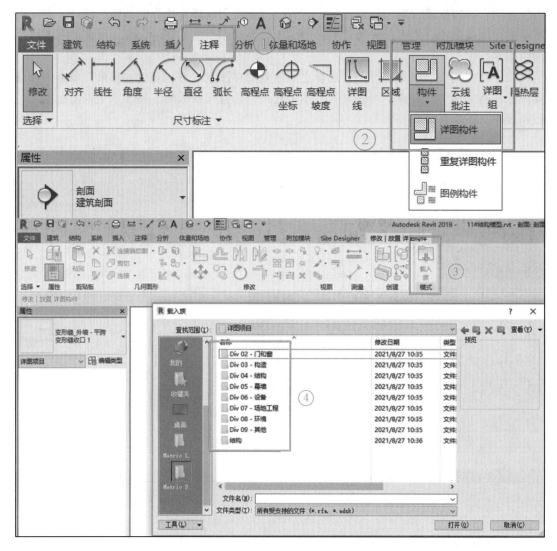

图 9-1-3　载入多种详图构件

辑，包括填充样式、线型及颜色等，并可以进行材料的填充标注。如图给墙体设定 80mm 厚保温层。依次点击"注释"、"区域"及"填充区域"，利用"绘图栏"中工具绘制保温层，点击完成后选中绘制区域，在"类型选择器"中选择"松散-泡沫塑料"（图 9-1-4）。

　　（4）隔热层

　　在详图过程中经常需要添加隔热层的标注，在 BIM 软件中，可以直接点击"隔热层"工具来进行隔热层的添加。添加隔热层后，可以在"属性"面板中修改隔热层宽度和隔热层线之间的膨胀尺寸（图 9-1-5）。

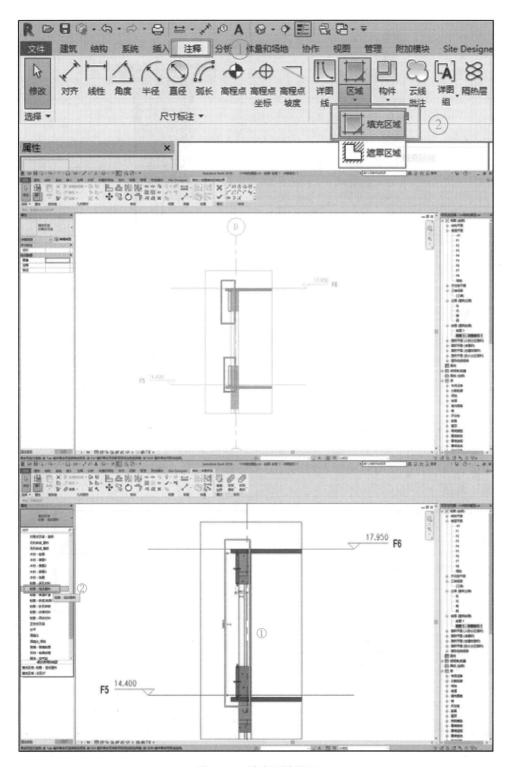

图 9-1-4　填充区域设置

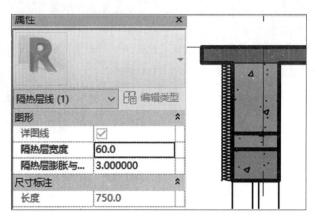

图 9-1-5　隔热层设置

9.2　明 细 表 的 创 建

BIM 软件可以自动提取各种建筑、结构和设备构件、房间和面积构件、注释、修订、视图、图纸等图元的属性参数，并以表格的形式显示图元信息，从而自动创建门窗等构件统计表、材质明细表等各种表格。

可以在设计过程中的任何时间创建明细表，明细表将自动更新以反映对项目的修改。

在 BIM 软件中，明细表不过是项目的另一种表示或查看方式。

明细表以表格形式显示信息，这些信息是从项目中的图元属性中提取的。

明细表可以列出要编制明细表的图元类型的每个实例，或根据明细表的成组标准将多个实例压缩到一行中（图 9-2-1）。

<管道明细表>				
A	B	C	D	E
系统名称	外径	内径	长度	合计
低区采暖回水管 27	42 mm	35 mm	1349	1
低区采暖回水管 27	27 mm	21 mm	81	1
低区采暖回水管 27	27 mm	21 mm	2362	1
低区采暖回水管 27	27 mm	21 mm	35	1
低区采暖回水管 27	42 mm	35 mm	3511	1
低区采暖回水管 27	27 mm	21 mm	42	1
低区采暖回水管 27	27 mm	21 mm	2362	1
低区采暖回水管 26	48 mm	41 mm	1340	1
低区采暖回水管 26	27 mm	21 mm	42	1
低区采暖回水管 26	27 mm	21 mm	2460	1
低区采暖回水管 26	27 mm	21 mm	51	1
低区采暖回水管 26	27 mm	21 mm	2340	1
低区采暖回水管 26	48 mm	41 mm	3478	1

图 9-2-1　明细表

BIM 软件提供如下几种类型明细表：

明细表/数量、关键字明细表、材质提取、注释明细表、修订明细表、视图列表及图纸列表等。

各种明细表的创建与编辑方法基本相同（图 9-2-2）。

常规明细表创建的流程如下："视图"选项卡→"明细表"下拉菜单→选择"明细表/数量"→在弹出的对话框中选择需要创建的明细类别并为新建的明细表命名→在明细属性表中设置字段、过滤器、排序/组成、格式和外观→点击"确定"完成明细表的创建。

1. 创建明细表

（1）启动"明细表/数量"命令。

（2）选择明细表的类别，并进行命名。

1）阶段选择"现有类型"。

2）注意不要选择"明细表关键字"，只有在创建关键字明细表才选择。"明细表关键字"就是为构件添加一个实例属性，可以在"建筑构件明细表"中被统计，具有相辅相成的作用（图 9-2-3）。

（3）修改属性-字段（图 9-2-4）。

图 9-2-2　明细表的位置

1）选择可用字段。

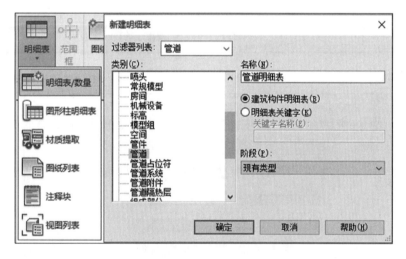

图 9-2-3　创建明细表

2）从"选择可用的字段"，选择更多相关的可用字段。

3）注意上下顺序的调整，以达到需要的效果。

（4）修改属性-过滤器（图 9-2-5）。

1）设置过滤条件。

2）过滤器等同于 CAD 的 filter 命令。

3）创建限制明细表中数据显示的过滤器，根据需要将不想显示在明细表中的构件参数隐藏。

4）最多可以创建四个过滤器，且所有过滤器都必须满足数据显示的条件。

5）可以使用明细表字段的许多类型来创建过滤器：包括文字、编号、整数、长度、

图 9-2-4　明细表属性设置

图 9-2-5　修改属性-过滤器

面积、体积、是/否、楼层和关键字明细表参数。

提示：以下明细表字段不支持过滤：族、类型、族和类型、面积类型（在面积明细表中）、从房间、到房间（在门明细表中）及材质参数。

（5）修改属性-排序/成组

1）设置排序方式，勾选"总计"，选择"合计与总数"。

2）勾选"逐项列举明细表中的图元的每个实例"。

3）将总计添加到明细表中：

选择标题、合计和总数。其中："标题"显示页眉信息；"合计"显示组中图元的数量。标题和合计左对齐显示在组的下方。"总数"在列的下方显示其小计，小计之和即为总计。具有小计的列的范例有"成本"和"合计"（图 9-2-6）。

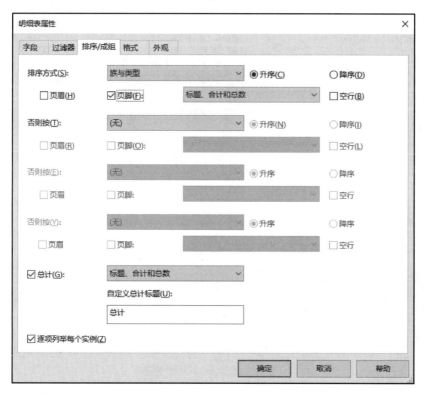

图 9-2-6　修改属性-排序/成组

可以使用"格式"选项卡添加这些列。其中："合计和总数"显示合计值和小计；"仅总数"仅显示可求和的列的小计信息。

4）排序明细表中的字段，在"明细表属性"对话框的"排序/成组"选项卡上，可以指定明细表中行的排序选项，还可以将页眉、页脚以及空行添加到排序后的行中。也可选择显示某个图元类型的每个实例，或将多个实例层叠在单行上。

（6）修改属性-格式（图 9-2-7）

设计格式指设定各个字段的显示输出格式（标题可以与字段名不同）。勾选"在图纸上显示条件格式"，可以进行列计算统计。

（7）修改属性-外观（图 9-2-8）

图 9-2-7　修改属性-格式

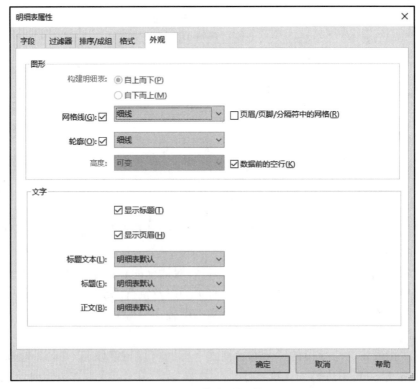

图 9-2-8　修改属性-外观

1）勾选网格线、轮廓线；在后方的下拉菜单中进行设置。

2）单击"确定"生成相应的表格。

2. 编辑表格

在生成的明细表中，可以手工编辑表格中留空的内容；也可以从列表中选择一个值（如果列表可用）。

（1）每个明细表都有自己的实例属性，其中包含以下内容：名称、字段、过滤器、排序/成组、格式、外观。在实例属性"其他"项中，可对字段、过滤器、排序/成组、格式及外观等几个属性进行再次设置（图 9-2-9）。

图 9-2-9　明细表属性

（2）在创建明细表后，可能需要按成组列修改明细表的组织和结构。可以创建多层标题和子标题，以在明细表中提供更详细的信息。选择需要修改的明细表，在激活的上下文选项卡列和行中选择插入（图 9-2-10）。

图 9-2-10　修改明细表

（3）合并成组单元格（列标题成组，如图 9-2-11 所示）

（4）隐藏明细表列：在列上单击鼠标右键并单击"隐藏列"；或先选中要隐藏的列，然后在激活的上下文选项卡"列"中选择"隐藏"选项（图 9-2-12）。

<梁明细表>			
A	B	C	D
族与类型	长度	体积	剪切长度
混凝土 - 矩形梁: L42-300 x 600mm	30000	5.27 m³	29650
混凝土 - 矩形梁: L41-300 x 600mm	5000	0.83 m³	4587
混凝土 - 矩形梁: L40-200 x 450mm	2700	0.21 m³	2350
混凝土 - 矩形梁: L40-200 x 450mm	2700	0.21 m³	2350
混凝土 - 矩形梁: L39-300 x 600mm	11000	1.92 m³	10650
混凝土 - 矩形梁: L39-300 x 600mm	11000	1.92 m³	10650
混凝土 - 矩形梁: L38-250 x 550mm	6200	0.81 m³	5875
混凝土 - 矩形梁: L38-250 x 550mm	4400	0.54 m³	4150
混凝土 - 矩形梁: L37-300 x 600mm	7300	1.25 m³	6950
混凝土 - 矩形梁: L36-250 x 550mm	6200	0.81 m³	5875
混凝土 - 矩形梁: L35-200 x 550mm	5400	0.48 m³	4800
混凝土 - 矩形梁: L35-200 x 500mm	5400	0.48 m³	4800
混凝土 - 矩形梁: L34-250 x 550mm	6200	0.81 m³	5875
混凝土 - 矩形梁: L33-250 x 550mm	6200	0.81 m³	5875
混凝土 - 矩形梁: L32-200 x 500mm	3300	0.30 m³	2962
混凝土 - 矩形梁: L31 300 x 700mm	9900	2.01 m³	9887

(a)

<梁明细表>			
名称	几何信息		
A	B	C	D
族与类型	长度	体积	剪切长度
混凝土 - 矩形梁: L42-300 x 600mm	30000	5.27 m³	29650
混凝土 - 矩形梁: L41-300 x 600mm	5000	0.83 m³	4587
混凝土 - 矩形梁: L40-200 x 450mm	2700	0.21 m³	2350
混凝土 - 矩形梁: L40-200 x 450mm	2700	0.21 m³	2350
混凝土 - 矩形梁: L39-300 x 600mm	11000	1.92 m³	10650
混凝土 - 矩形梁: L39-300 x 600mm	11000	1.92 m³	10650
混凝土 - 矩形梁: L38-250 x 550mm	6200	0.81 m³	5875
混凝土 - 矩形梁: L38-250 x 550mm	4400	0.54 m³	4150
混凝土 - 矩形梁: L37-300 x 600mm	7300	1.25 m³	6950
混凝土 - 矩形梁: L36-250 x 550mm	6200	0.81 m³	5875
混凝土 - 矩形梁: L35-200 x 500mm	5400	0.48 m³	4800
混凝土 - 矩形梁: L35-200 x 500mm	5400	0.48 m³	4800
混凝土 - 矩形梁: L34-250 x 550mm	6200	0.81 m³	5875
混凝土 - 矩形梁: L33-250 x 550mm	6200	0.81 m³	5875
混凝土 - 矩形梁: L32-200 x 500mm	3300	0.30 m³	2962
混凝土 - 矩形梁: L31 300 x 700mm	9900	2.01 m³	9887

(b)

图 9-2-11 合并成组单元格

(a) 合并前；(b) 合并后

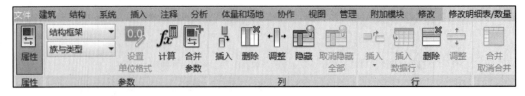

图 9-2-12 隐藏明细表列

（5）删除明细表列或行：选择明细表中的一列或一行；或在激活的上下文选项卡中单击"修改明细表/数量"选项卡"列"或"行"面板，选择"删除"选项对目标进行删除（图 9-2-13）。

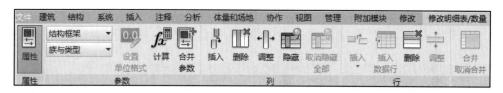

图 9-2-13　删除明细表列或行

（6）插入列、行：在明细表中，在某单元格中点击鼠标右键，选取"插入列""在上方插入行"和"在下方插入行"，可以新增一列或一行；也可在激活的上下文选项卡"列"或"行"面板中选择相应的"插入"选项实现列或行的新增（图 9-2-14）。

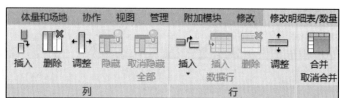

图 9-2-14　插入明细表列、行

（7）从表格定位图元

在功能区激活的上下文选项卡的末端，选择"显示"，系统会打开相应的视图并放大显示表格中所选的构件，继续单击"显示"可以打开其他视图查看（图 9-2-15）。

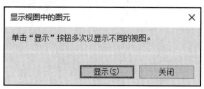

图 9-2-15　显示视图中的图元

<h1 style="text-align:center">9.3 模 型 整 合</h1>

1. 将其他模型链接至现有模型中

将各专业模型整合至同一文件中，有利于各专业沟通协调与事前规划，可减少施工冲突、设计变更等。

（1）打开练习 11 号楼结构模型，此处为了观察方便，在"可见性/图形替换中"将结构构件可见性透明度设置为 70%，点击"确定"即可（图 9-3-1）。

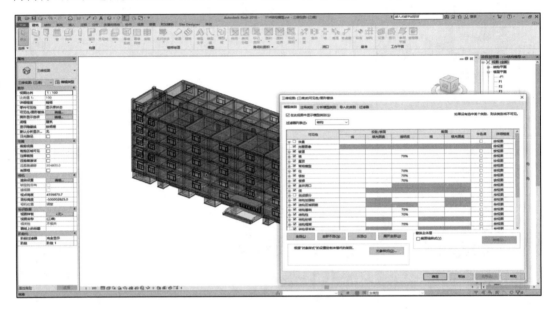

图 9-3-1 可见性设置

（2）在功能区点击"插入"选项卡，选择"链接 Revit"（图 9-3-2）。

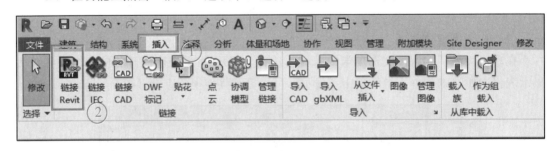

图 9-3-2 选择链接 Revit

（3）在弹出的对话框中选择"11#采暖.rvt"文件，在"定位"菜单中选择"自动-原点到原点"选项（图 9-3-3）。

（4）点击"打开"完成。此时可看到采暖模型已出现在当前结构模型中（图 9-3-4）。

（5）也可以用相同方法将其他模型链接至新建模型中。

图 9-3-3　导入/链接 RVT

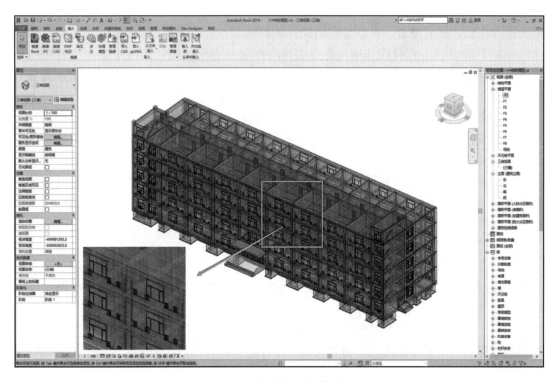

图 9-3-4　完成导入/链接 RVT

2. 链接模型的定位

链接模型文件时，通常会有以下几种定位方式供选择（图 9-3-5）。

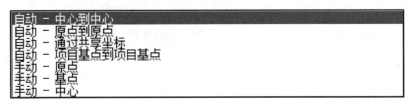

图 9-3-5　链接模型的定位

（1）自动-中心到中心。该选项将以导入模型与主体模型的水平投影的几何中心重合放置。

（2）自动-原点到原点。该选项将导入模型的原点放置到主体模型的原点。

（3）自动-通过共享坐标。该选项可将导入模型在主体模型中根据设置好的共享坐标进行放置。如果导入模型未与主体模型共享坐标系，则链接会使用中心到中心进行定位。

（4）自动-项目基点到项目基点。该选项将以导入模型的项目基点与主体模型的项目基点对齐放置。在同一项目不同专业创立样板文件时，可将项目基点设置为相同坐标，以便模型整合后的应用。但需注意此定位选项只会影响链接模型的首次放置。如果主体模型的项目基点发生更改，则链接模型不会反映更改。若要重新定位链接模型，请将其选中并单击鼠标右键，然后单击"重新定位到项目基点"。

（5）手动-基点。选择此选项可在当前视图中显示导入模型，同时光标会放置在导入模型的基点上。移动光标以调整导入模型的位置，在视图中单击以在主体模型中放置导入模型。

（6）手动-原点。选择此选项可在当前视图中显示导入模型，同时光标会放置在导入模型的世界坐标原点上。移动光标以调整导入模型的位置，在视图中单击以在主体模型中放置导入模型。

（7）手动-中心。选择此选项可在当前视图中显示导入模型，同时光标会放置在导入模型的水平投影的几何中心上。移动光标以调整导入模型的位置，在视图中单击以在主体模型中放置导入模型。

3. 链接模型的位置调整

（1）通过"移动"命令进行调整。选中链接的模型，在功能区"修改"选项卡下选择"移动"命令；单击左键拾取一个点作为移动起点；移动光标至目标位置再次单击左键完成移动（图 9-3-6）。

（2）通过"对齐"命令进行调整。在功能区选项卡"修改"中选择"对齐"命令，在本例中拾取主体模型的轴线（①轴和Ⓐ轴）为目标，依次将导入的采暖模型的相应轴线与之对齐即可（图 9-3-7）。

4. 阶段映射

将主体模型的阶段和链接的模型的阶段之间设置对应关系。

（1）在主体模型中映射阶段。在功能区"视图"选项卡中选择"可见性/图形"，或在

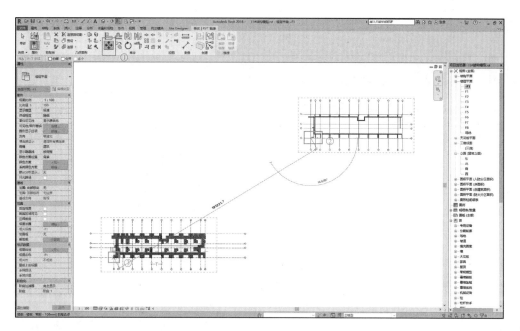

图 9-3-6　模型的位置调整"移动"命令

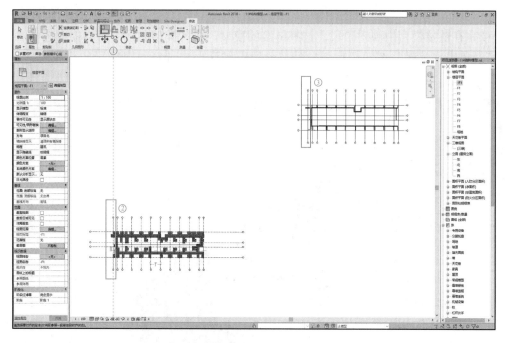

图 9-3-7　模型的位置调整"对齐"命令

当前视图属性栏中选择"可见性/图形替换";在弹出的对话框中选择"Revit 链接";在链接模型名称的"显示设置"栏中选择"按主体视图"选项;在弹出的"RVT 链接显示设置"中选择基本选项卡"自定义"选项;对"阶段"进行设置;完成后依次点击"确定"退出(图 9-3-8)。

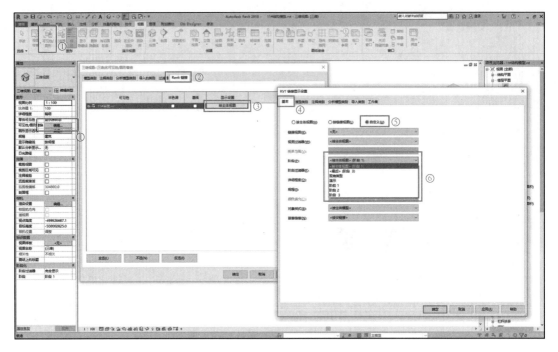

图 9-3-8　"可见性/图形替换"设置

（2）在链接模型中映射阶段。选择链接的模型，在"类型属性"对话框中选择"阶段映射"；单击"编辑"按钮，在弹出的"阶段"对话框中选择每个阶段的相应映射选项；依次单击"确定"以退出（图 9-3-9）。

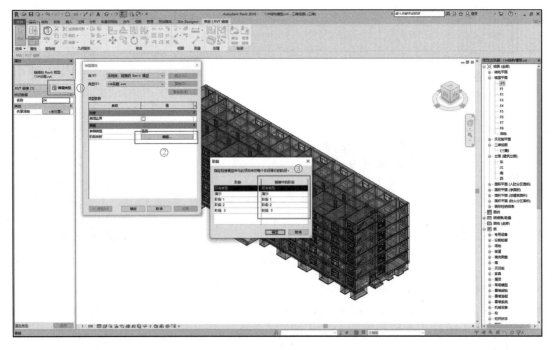

图 9-3-9　"阶段映射"设置

5. 管理链接

选中链接模型，在弹出的上下文选项卡中可选择"管理链接"（或在功能区选项卡"插入"中可以激活相应命令），以便对链接模型进行管理（图9-3-10）。

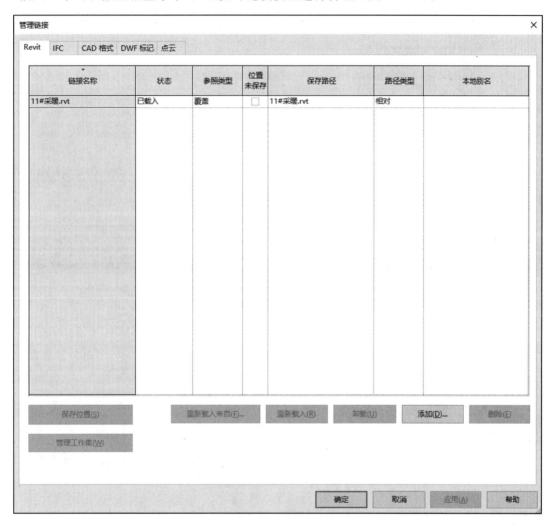

图9-3-10　管理链接

（1）链接名称。显示所链接模型文件的名称。

（2）状态。显示在主体模型中是否载入链接。通常会显示"已载入""未载入"或"未找到"。当显示"已载入"状态时，可通过选择"卸载"按钮将其转换为"未载入"状态（图9-3-11）。

与之相同，当显示"未载入"状态时，通过选项"重新载入"改变为"已载入"状态。如存放链接模型文件的路径发生改变时，应选择"重新载入来自"选项，以指定新的文件路径（图9-3-12）。

（3）参照类型。其中"附着"是指当链接模型的主体链接到另一个模型时，将显示该链接模型；而"附着"是指当链接模型的主体链接到另一个模型时，将不载入该链接模型，选择"覆盖"选项后，如果导入包含嵌套链接的模型，系统将会提示导入的模型包含

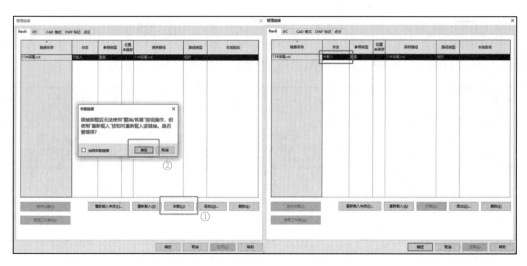

图 9-3-11　管理链接状态

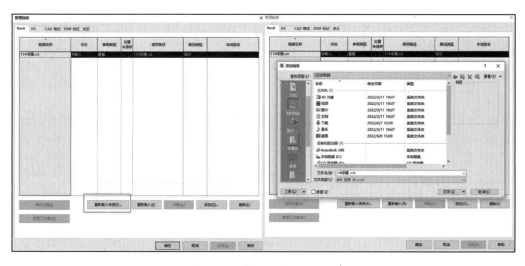

图 9-3-12　管理链接-重新载入

嵌套链接，并且这些模型在主体模型中将不可见。

（4）位置未保存。显示链接的位置是否保存在共享坐标系中，此项仅适用于 Revit 和 CAD 文件的链接。

（5）保存路径。链接文件在计算机上的位置。在工作共享中，则为中心模型的路径。

（6）路径类型。在"相对"时，只需将主体模型文件与链接模型文件放置于同一文件夹下即可；而在"绝对"时，则显示该链接模型文件的绝对路径；如在服务器中，则会以服务器链接路径取代前两者。

（7）本地别名。使用基于文件的工作共享时，其位置会显示在此处。

6. 绑定链接

使用"绑定链接"工具选择链接模型中的图元和基准以转换为组。

（1）在绘图区选择链接模型。

（2）在弹出的上下文选项卡中选择"绑定链接"。

（3）在弹出的"绑定链接选项"对话框中，选择要在组内包含的图元和基准。其中"附着的详图"为包含视图专有的详图图元作为附着的详图组；"标高"和"轴网"为链接模型中所含的标高和轴网。

（4）完成后点击"确定"即可将链接的模型转换为主体模型中的组（图9-3-13）。

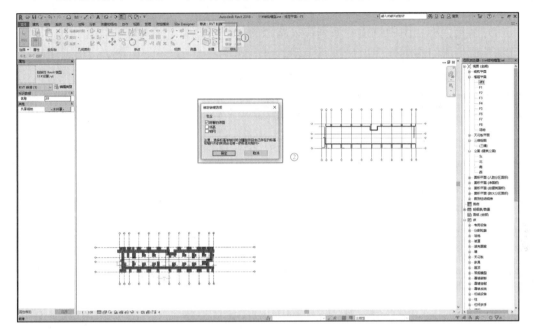

图 9-3-13　"绑定链接"设置

9.4　模　型　漫　游

1. 创建漫游路径

通常在平面视图中创建漫游路径。沿设定的路径移动相机，即可创建建筑室内外漫游，动态展示设计的整体及局部细节（图9-4-1）。

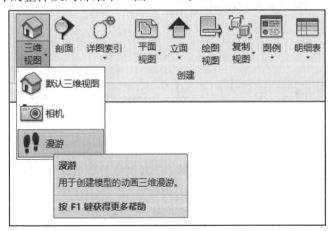

图 9-4-1　创建漫游

（1）默认勾选"透视图"，取消勾选则创建正交视图的漫游。

（2）"自"指定楼层标高，通过设定"偏移量"（默认 1750，代表视点的高度）米设定相机相对标高的高度。

（3）在设置路径的过程中，通过给定不同关键帧设置不同的相机高度可创建垂直方向的漫游。

（4）移动光标在图中创建一系列代表路径的关键帧位置，关键帧的位置创建后不可修改，其他属性则可在创建完成后进行编辑。

（5）创建完毕，点击"完成漫游"完成路径创建（图 9-4-2）。

图 9-4-2　漫游设置

2. 编辑漫游

漫游由相机和路径两个部分组成，因而编辑也分为两个部分。

（1）打开漫游视图和创建漫游路径的平面视图，然后平铺视图（快捷键为 WT），在漫游视图中选择边界，则平面视图中显示路径，再选择"编辑漫游"进入编辑状态（图 9-4-3）。

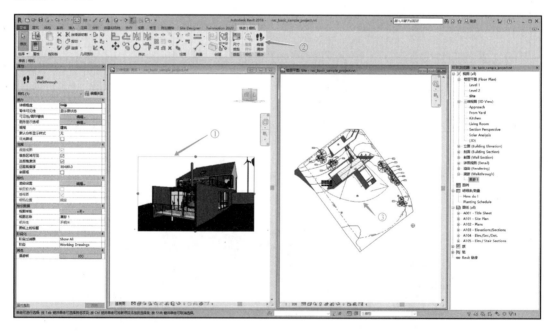

图 9-4-3　编辑漫游

（2）编辑相机

1）切换至平面视图，在"项目浏览器"中的"漫游"上单击右键，在弹出的菜单中选择"显示相机"（图 9-4-4）。

选中漫游路径，在弹出的上下文选项卡中选择"编辑漫游"（图 9-4-5）。

2）选择"控制"选项为"活动相机"，可以设置相机的"远裁剪偏移""目标点位置"

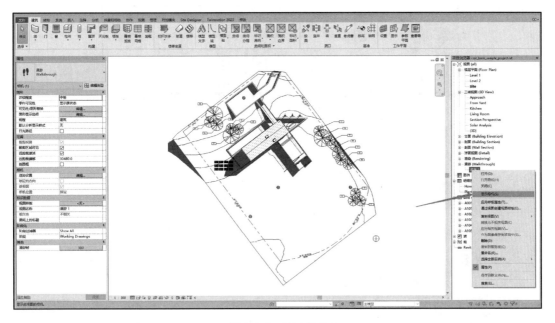

图 9-4-4　显示相机

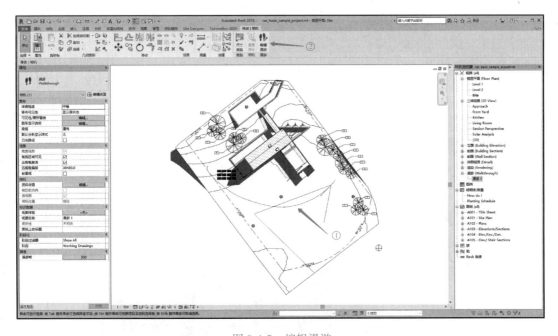

图 9-4-5　编辑漫游

及"视图范围"等（图9-4-6）。

编辑漫游时，可用多个工具来控制漫游的播放。

"上一关键帧"，将相机位置往回移动一关键帧。

"上一帧"，将相机位置往回移动一帧。

"下一帧"，将移动相机向前移动一帧。

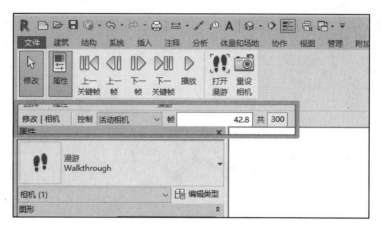

图 9-4-6　设置相机参数

"下一关键帧"，将相机位置向前移动一关键帧。

"播放"，将相机从当前帧移动到最后一帧。

要停止播放，可单击进度条旁的"取消"或按 Esc 键。出现提示时，单击"是"（图 9-4-7）。

图 9-4-7　漫游播放

切换在创建漫游的平面视图中，通过控制按钮定位到相应的关键帧，选择红色控制点调整目标点位置；选择蓝色控制点调整远裁剪点偏移（图 9-4-8）。

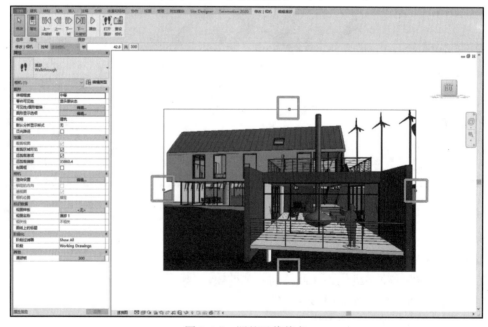

图 9-4-8　调整远裁剪点

调整"远裁剪偏移""目标点方向"（图 9-4-9）。

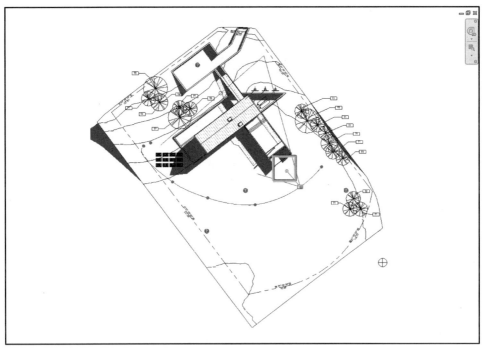

图 9-4-9　调整目标点方向

3）编辑路径

切换至平面视图，选择"控制"选项为"路径"，可以设置路径各关键帧的位置，为了方便调整高度，也可以打开一个立面视图（图 9-4-10）。

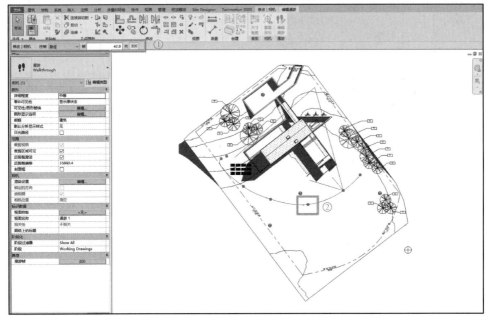

图 9-4-10　修改相机

　　添加帧/删除帧：在控制项选择"添加帧"/"删除帧"，然后在红色路径中单击鼠标左键添加帧/删除帧（图 9-4-11）。

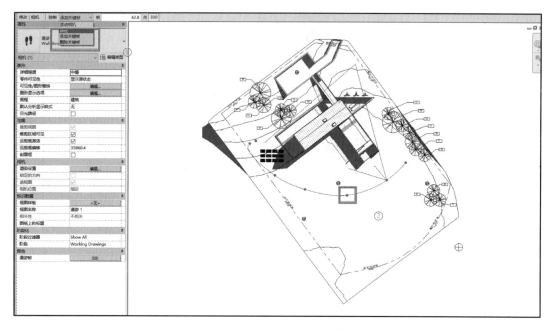

图 9-4-11　添加帧/删除帧

4）编辑漫游帧

　　在漫游的实例属性栏"其他"下单击"漫游帧"编辑按钮，可以调整"总帧数"，可以调整"帧速率"；取消勾选"匀速"，可以在"帧增量"[0.1，10] 范围内调整速度（图 9-4-12）。

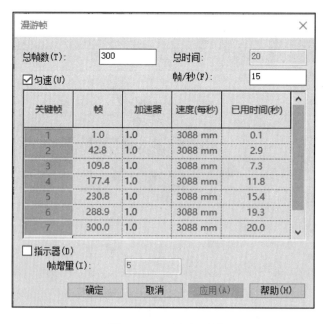

图 9-4-12　编辑漫游帧

5）导出漫游

打开漫游，在漫游视图中，依次选择"文件""导出""图像和动画"及"漫游"。
进入参数设置对话框（图 9-4-13）。

图 9-4-13　漫游

进入"长度/格式"对话框：

"全部帧"，将所有帧包括在输出文件中。

"帧范围"，仅导出特定范围内的帧。对于此选项，请在输入框内输入帧范围。

"帧/秒"。在改变每秒的帧数时，总时间会自动更新（图 9-4-14）。

① 输入输出文件名称和路径。

② 选择文件类型：AVI 或图像序列（JPEG、TIFF、BMP 或 PNG）。

③ 在"视频压缩"对话框中，从已安装在计算机上的压缩程序列表中选择视频压缩
程序（图 9-4-15）。

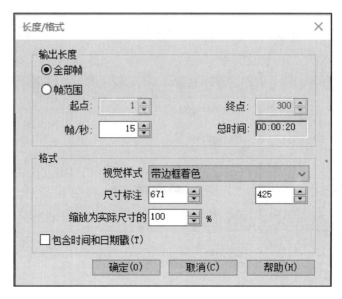

图 9-4-14　长度/格式编辑

图 9-4-15　导出漫游

9.5　模　型　渲　染

在电脑绘图中,渲染是指用软件将模型生成图像的过程。模型是用语言或者数据结构进行严格定义的三维物体或虚拟场景的描述,它包括几何、视点、纹理、照明和阴影等信息。图像是数字图像或者位图图像。

1. 在已有的三维视图下进行渲染

通过"项目浏览器"双击"三维视图",进入默认三维视图,在绘图区调整所需的视角后,通过功能区选项卡"视图"中的"渲染"选项可进行渲染(图9-5-1)。

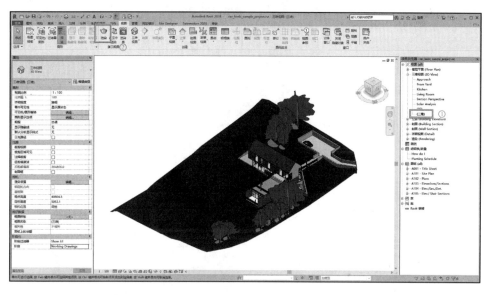

图9-5-1　三维视图

在弹出的"渲染"对话框中,可对渲染的参数做调整,如"质量""分辨率""照明""背景"以及"调整曝光";其中在"默认三维视图"下,渲染结果无法显示背景,默认为灰色(图9-5-2)。

设置完毕后,点击"渲染"按钮即可进行渲染。渲染完毕后可选择"保存到项目中"或"导出"对渲染结果进行保存。

2. 通过创建三维视图进行渲染

在平面或立面视图中通过放置"相机"创建相应的三维视图进行渲染。此处为了更好地获得合适视角,应尽量在平面视图中创建相机。

在"项目浏览器"中双击选定平面视图进入该视图。在功能区中选择"视图"选项卡中"三维视图"下拉菜单的"相机"命令(图9-5-3)。

选择合适的位置单击左键放置相机,并调整角度以达到合适视角,再次单击左键放置完毕,并自动切换到相应的相机视图(图9-5-4)。

调整"相机"参数(调整方式见本教材9.4模型漫游),达到合适效果后通过"渲染"命令进行渲染。

在渲染菜单中,通过"照明"选项中的"方案"来设置渲染所用室内外光;通过"日光设置"调整目

图9-5-2　渲染设置

图 9-5-3 相机命令

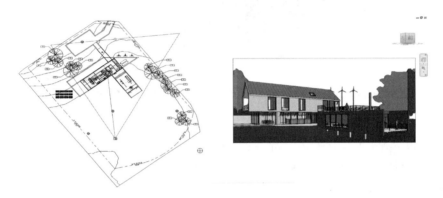

图 9-5-4 放置相机

标项目的所处位置以获得不同经纬度的日照情况（图 9-5-5）。

图 9-5-5 日光设置

9.6　图　纸　的　创　建

1. 创建图纸及布置视图

无论是导出 CAD 文件还是打印，均需要创建图纸，并在图纸上布置视图，布置完成后，还需要设置各个视图的视图标题、项目信息设置等操作。

切换至"视图"选项卡，单击"图纸"按钮，打开"新建图纸"对话框。单击"载入"按钮，打开"载入族"对话框，在标题栏中选取需要的公制，不同的公制代表不同的图号（图 9-6-1）。

2. 输出 PDF 图纸文件

选取"A0 公制"选项，单击"确定"按钮，创建图框。

生成图纸以后，首先应进行项目信息管理。点击"管理"选项卡中的"项目信息"。将"客户姓名"一栏中改成"××××职业技术学院"，将"项目名称"改成"11 号宿舍楼"（图 9-6-2）。

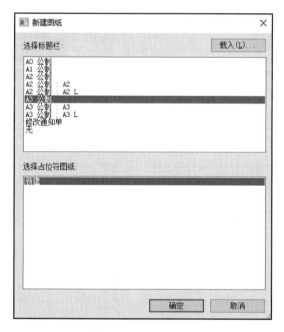

图 9-6-1　创建图纸

图 9-6-2　图纸信息

点击确定后，此时生成的图框的客户姓名和项目名称一栏就改成了相应的字符（图 9-6-3）。

从项目浏览器中选取需要布置在图纸上的视图拖拽到刚刚建好的图框中，放置该视图，在一张图纸中可放置多个视图（图 9-6-4）。

将视图拖进图纸以后，接下来对图名进行修改。首先在"项目浏览器"中"图纸"菜单中找到刚刚建立的图纸，右键点击"重命名"修改图名，以便日后的工作和管理。

点击拖进图纸的视图，查看属性。在属性中可以进行图纸比例的修改和图名的修改。

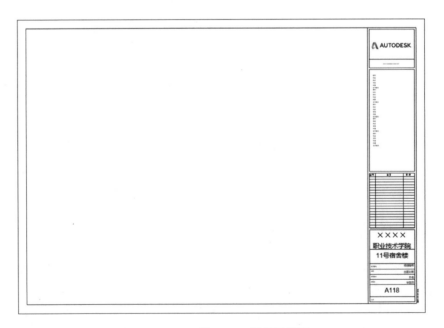

图 9-6-3　图框示意图

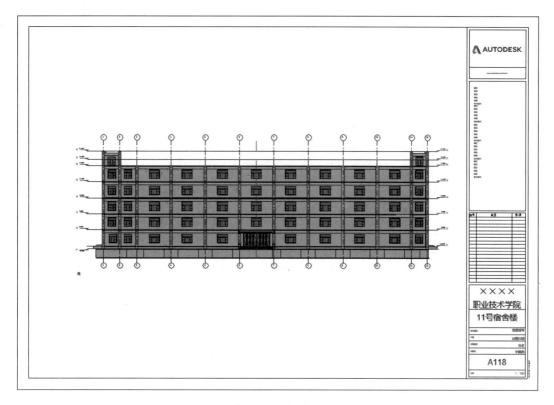

图 9-6-4　放置视图

点击第一项"视图比例"打开下拉菜单，从中可以选取需要的比例。修改"图纸上的标题"为"南立面图"，则图纸上的图名改为"南立面图"（图 9-6-5）。

标识数据		
视图样板	<无>	
视图名称	南立面图	
相关性	不相关	
图纸上的标题		
图纸编号	A118	
图纸名称	未命名	
参照图纸		
参照详图		

图 9-6-5　修改属性

　　当图纸布置完成后，可以直接打印图纸，或可保存为 PDF 格式的文件。

　　单击"应用程序菜单"，选择"打印"选项，打开打印对话框。选择"名称"列表中的 Adobe PDF 选项，设置打印机为 PDF 虚拟打印机，启用"将多个所选视图/图纸合并到一个文件"选项，在打印范围中选择"所选视图/图纸"（图 9-6-6）。单击"打印范围"选项组中的"选择"按钮，打开"视图/图纸集"对话框，在列表中选择要打印的图纸并保存。

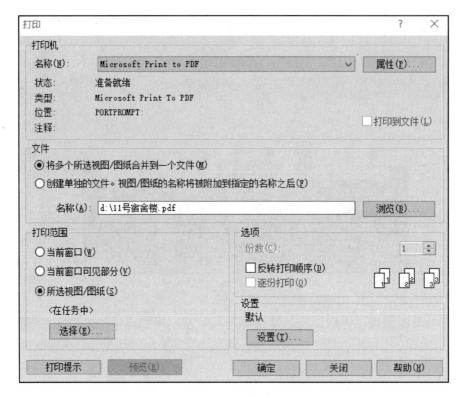

图 9-6-6　打印设置

单击"设置"选项组中的"设置"按钮，打开"打印设置"对话框，选择尺寸为 A0，启用"从角部偏移"及"缩放"选项，保存配置。返回"打印"对话框，在打开的"另存为 PDF 文件为"对话框中设置"文件名"选项后，保存创建 Adobe PDF。

3. 导出为 CAD 图纸

完成所有图纸的布置之后，可以将生成的文件导出为 DWG 为后缀名的 CAD 文件。

要导出 DWG 格式的文件，首先要对映射格式进行设置。由于当前软件是用构件类别的方式进行图形管理，而 CAD 软件则是以图层的方式进行管理，所以，必须对构件类别以及 DWG 当中的图层进行映射设置。

在"文件"菜单的"导出"选项中，选择"CAD 格式"，在弹出的菜单中选择"DWG"。弹出的对话框如图 9-6-7 所示。

单击"应用程序菜单"，选择"导出""选项""导出设置 DWG/DXF"选项，打开"修改 DWG/DXF 导出设置"对话框（图 9-6-8）。

以轴网为例，向下拖拽找到"轴网"，默认名称为"S-GRID"，CAD 的常用图层名称为"AXIS"，单击"图层"栏中的名称，修改为"AXIS"。对话框中的颜色选项也对应"DWG"文件中的颜色，应做相应修改。

此外，映射格式的设置可以直接从外部导入，点击"根据标准加载图层"，选择"从以下文件加载设置"，即可导入外部设置文件（图 9-6-9）。

单击"确定"，完成映射选项设置。单击"应用程序菜单"按钮，选择"导出""导出CAD 格式"DWG 选项，打开对话框。

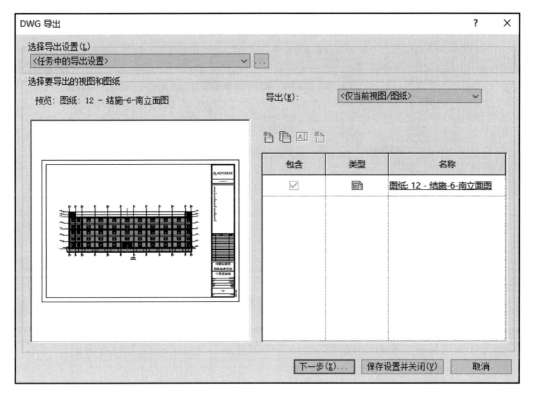

图 9-6-7 导出图纸

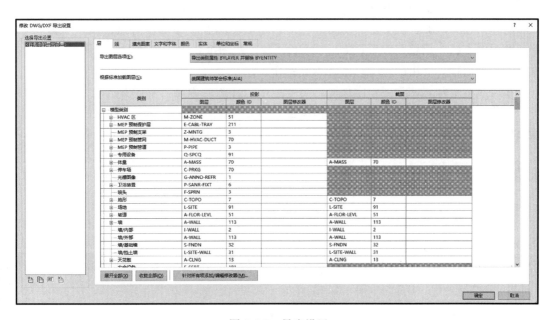

图 9-6-8 导出设置

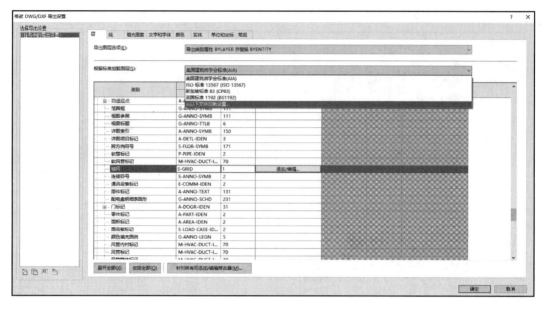

图 9-6-9 导入外部设置文件

单击"下一步"按钮，打开"导出 CAD 格式-保存到目标文件夹"对话框，选择保存文件类型 DWG 格式，并指定保存路径及文件名称后，单击"确定"完成导出。

 小　结

本章介绍了详图的创建及修改方法的知识；如何在 Revit 中创建明细表，包括添加明细表视图、定义表格格式和布局、添加数据、进行计算和筛选；链接模型的方法、调整与设置；如何在 Revit 中创建漫游视图，包括创建漫游路径、添加漫游点、调整视图参数；渲染模型的方法、调整与设置；如何在 Revit 中创建图纸，包括创建图纸视图、定义视图范围、添加注释、导出图纸等基本知识和操作。

通过对本章知识的学习，学员能够更好地进行详图的创建，掌握 Revit 中明细表的创建和整合模型的方法及相关技巧，如何浏览和检查模型，并及时发现和解决问题，熟练掌握渲染和漫游的流程及相关技巧，更加灵活地控制图纸的生成和输出。

 学习反思

参 考 文 献

[1] 张海龙. 建筑信息模型的国外研究综述[J]. 化工管理，2018，35：64-65.

[2] 张人友，王珺. BIM核心建模软件概述[J]. 工业建筑，2012，42(S1)：66-73.

[3] BIM工程技术人员专业技能培训用书编委会. BIM建模与应用技术[M]. 北京：中国建筑工业出版社，2016.

[4] 柏慕进业. AUTODESK REVIT ARCHITECTURE 2017官方标准教程[M]. 北京：电子工业出版社，2017.

[5] 中华人民共和国住房和城乡建设部. 建筑信息模型应用统一标准：GB/T 51212—2016[S]. 北京：中国建筑工业出版社，2016.

[6] 中华人民共和国住房和城乡建设部. 建筑信息模型施工应用标准：GB/T 51235—2017[S]. 北京：中国建筑工业出版社，2017.

[7] 中华人民共和国住房和城乡建设部. 建筑信息模型分类和编码标准：GB/T 51269—2017[S]. 北京：中国建筑工业出版社，2017.

[8] 中华人民共和国住房和城乡建设部. 建筑信息模型设计交付标准：GB 15301—2018[S]. 北京：中国建筑工业出版社，2018.

[9] 全国BIM技能等级考评工作指导委员会. BIM技能等级考评大纲[M]. 北京：中国标准出版社，2013.

[10] 中国建设教育协会. 全国BIM应用技能考评大纲[M]. 北京：中国建筑工业出版社，2015.

[11] 满吉芳. 火神山、雷神山项目中"BIM＋装配式"应用优势分析[J]. 安徽建筑，2021，28(11)：127-129.

《BIM建模应用》学习工作页

《BIM JIANMO YINGYONG》XUEXI GONGZUOYE

与《BIM 建模应用》教材配套使用

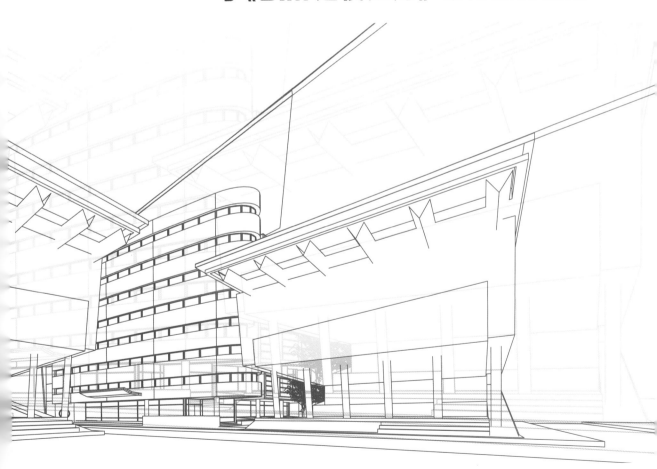

中国建筑工业出版社

《BIM 建模应用》学习工作页

学　　院：_____

班　　级：_____

姓　　名：_____

学　　号：_____

中国建筑工业出版社

目　　录

模块 1 习 题

1 BIM 概述

一、单项选择题

1. BIM 的英文全称是（   ）。

A. Building Information Mapping
B. Building Information Modeling
C. Building Integrated Management
D. Building Intelligent Measurement

2. BIM 可以提供（   ）优势。

A. 建模效率低　　　B. 项目成本增加　　　C. 可视化展示　　　D. 数据不一致

3. BIM 技术的主要优势是（   ）。

A. 可以使设计师更容易发现和解决设计问题
B. 可以减少工程项目的成本和工期
C. 可以自动化计算和查询实时工程数据
D. 可以在建设项目生命周期内实现动态的信息创建、管理和共享

4. BIM 可以帮助解决（   ）。

A. 数据共享不便　　　B. 资源浪费　　　C. 设计错误　　　D. 人力短缺

5. BIM 可以在（   ）使用。

A. 设计阶段　　　B. 施工阶段　　　C. 运维阶段　　　D. 所有阶段

6. BIM 技术最大的特点是（   ）。

A. 2D 绘图　　　B. 3D 模型　　　C. 文档管理　　　D. 数据可视化

7. 下列（   ）不是 BIM 技术的特点。

A. 高效协作　　　B. 数据共享　　　C. 模型精度　　　D. 稳定性

8. 下列（   ）不是 BIM 技术的优点。

A. 提高设计效率　　　B. 减少工程错误　　　C. 增加施工难度　　　D. 优化施工方案

9. BIM 技术的数据来源主要有（   ）。

A. 建筑图纸　　　B. 工程规范　　　C. 施工图纸　　　D. 工程进度表

10. BIM 技术能够提高建筑项目的（   ）。

A. 设计效率　　　B. 施工效率　　　C. 维护效率　　　D. 所有以上选项

11. 以下（   ）不是建筑信息模型所具备的。

A. 模型信息的完备性
B. 模型信息的一致性
C. 模型信息的关联性
D. 以上选项均是

12. 以下（   ）不是 BIM 的特点。

A. 可视化　　　B. 保温性　　　C. 模拟性　　　D. 协性

13. 下面 BIM 时代全生命周期模型的顺序（   ）是正确的。

A. 策划阶段-设计阶段-施工阶段-运营阶段
B. 设计阶段-策划阶段-施工阶段-运营阶段
C. 施工阶段-策划阶段-设计阶段-运营阶段

D. 运营阶段-策划阶段-设计阶段-施工阶段

二、多项选择题

1. BIM 技术的内容包括以下（　　）。

A. 三维建模　　　　　　　　　　　B. 数据管理

C. 可视化展示　　　　　　　　　　D. 建筑物理模拟

E. 经济评估

2. BIM 在建筑项目中的应用可以带来以下好处，包括（　　）。

A. 降低建设成本　　　　　　　　　B. 高施工效率

C. 提高工程质量　　　　　　　　　D. 减少施工安全风险

E. 降低项目经理管理难度

3. BIM 的数据模型可以支持以下（　　）的集成。

A. 建筑构件信息　　　　　　　　　B. 工程材料信息

C. 工程进度信息　　　　　　　　　D. 人员分工信息

E. 设备参数信息

三、思考题

1. BIM 技术是否值得推广，其发展趋势如何？

2. 请谈谈你对 BIM 技术在未来发展的看法，以及它可能带来的变革。

2 BIM 应用软件体系

一、单项选择题

1. 下列选项中，（　　）不是 BIM 应用软件的高级功能。

A. 物理建模　　　　B. 成本估算　　　　C. 图形绘制　　　　D. 结构分析

2. 以下（　　）厂商没有推出自己的 BIM 软件。

A. Autodesk　　　　B. Graphisoft　　　　C. Bentley　　　　D. Apple

3. BIM 软件向智能化、数字化方向发展，以下（　　）不是其发展方向。

A. 自动识别建筑设计中的错误和矛盾　　　B. 集成大量的建筑数据，通过数据分析和建模

C. 实现手绘图纸和手动计算　　　　　　　D. 为建筑设计和运营提供更多的决策支持

二、思考题

BIM 软件已成为建筑设计和施工的重要工具。请提出你对 BIM 软件未来发展的看法，它将如何影响建筑行业的发展？

3 项 目 创 建

一、单项选择题

1. 下列哪项不属于一般模型拆分原则(　　)。

A. 按建筑防火分区拆分　　　　　　　　B. 按人防分区拆分

C. 按施工缝拆分　　　　　　　　　　　D. 按楼层拆分

2. 建筑专业的模型精度(LOD)范围正确的是(　　)。

A. 100～400　　　B. 200～600　　　C. 50～500　　　D. 100～500

3. (　　)英文称作 Level of Details,也叫作 Level of Development。描述了一个 BIM 模型构件单元从最低级的近似概念化的程度发展到最高级的演示级精度的步骤。

A. 模型协同程度　　　　　　　　　　　B. 信息粒度

C. 模型可视化程度　　　　　　　　　　D. 模型的细致程度

4. 样板文件是以(　　)格式存储的。

A. *.rvt　　　　　B. *.rfa　　　　　C. *.rte　　　　　D. *.rft

5. 下列选项不属于项目样板建立内容的是(　　)。

A. 族文件命名规则　　　　　　　　　　B. 项目文档命名规则

C. 构件命名规则　　　　　　　　　　　D. 视图命名规则

6. 新建视图样板时,默认的视图比例是(　　)。

A. 1∶50　　　　　B. 1∶100　　　　C. 1∶1000　　　　D. 1∶5000

7. 下列哪项不是 Revit 提供的默认样板(　　)。

A. 构造样板　　　　B. 机电样板　　　C. 结构样板　　　D. 机械样板

8. 下列关于项目样板说法错误的是(　　)。

A. 项目样板是 Revit 的工作基础　　　　B. 用户只可以使用系统自带的项目样板进行工作

C. 项目样板包含族类型的设置　　　　　D. 项目样板文件后缀为 .rte

9. 在 Revit 中绘制给水排水专业样板需要的轴网,下列选项中正确描述出其流程的是(　　)。

A. 单击【建筑】命令栏-【基准】选项卡-【轴网】命令

B. 单击【系统】命令栏-【工作平面】选项卡-【轴网】命令

C. 单击【建筑】命令栏-【工作平面】选项卡-【轴网】命令

D. 单击【系统】命令栏-【基准】选项卡-【轴网】命令

二、简答题

1. 简述模型拆分的目的与原则。

2. 简述样板文件的作用。

三、思考题

结合学习内容,根据附件图纸简述 Revit 一般建模流程。

4 结构模型的创建

一、单项选择题

1. 在移动结构柱的时候，按以下（　　）翻转放置方向。
A. Ctrl 键　　　　　　　B. Tab 键　　　　　　C. 回车键　　　　　　D. 空格键

2. 想要结构柱仅在平面视图中表面涂黑，需要更改柱子结构材质里的（　　）。
A. 表面填充图案　　　　　　　　　　B. 着色
C. 截面填充图案　　　　　　　　　　D. 粗略比例填充样式

3. 以下（　　）不属于一般结构柱实例属性的选项。
A. 底部标高　　　　B. 顶部偏移量　　　　C. 顶部标高　　　　D. 柱的宽度

4. 柱分为（　　）柱和（　　）柱。
A. 建筑，结构　　　　　　　　　　B. 构造，建筑
C. 结构，构造　　　　　　　　　　D. 建筑，构造

5. 柱的高度由（　　）属性以及偏移定义。
A. 底部标高，顶部标高　　　　　　B. 高程
C. 高度　　　　　　　　　　　　　D. 中部标高

6. 结构基础建模中的"墙"是（　　）类别的族。
A. 门族　　　　B. 楼板族　　　　C. 墙族　　　　D. 窗族

7. Revit 中的"工具栏"是用来做（　　）。
A. 命名和管理视图　　　　　　　　B. 操作 Revit 中的基本工具
C. 编辑家族元素　　　　　　　　　D. 调整工程项目参数

8. 在 Revit 中，（　　）查看基础的顶部和底部。
A. 切换到"截面"视图　　　　　　　B. 在"视图范围"选项卡中调整
C. 选择"基础"族并查看属性　　　　D. 通过楼板"分层"的选项卡查看

9. 在平面视图中放置墙时，下列（　　）键可以翻转墙体内外方向。
A. Shift　　　　B. Ctrl　　　　C. Alt　　　　D. Space

10. 由于 Revit 中有内墙面和外墙面之分，最好按照（　　）方式绘制墙体。
A. 顺时针　　　　　　　　　　　　B. 逆时针
C. 根据建筑的设计决定　　　　　　D. 顺时针和逆时针都可以

11. Revit 中创建墙的方式（　　）。
A. 直接绘制　　　　　　　　　　　B. 拾取线
C. 拾取面　　　　　　　　　　　　D. 以上方法都可以

12. 在墙类型属性中设置结构，从上往下依次是：面层 1、核心边界、结构、核心边界、涂抹层、面层 2。在可进行厚度设置的层中均输入 100mm，该墙总厚度为（　　）。
A. 300mm　　　　B. 400mm　　　　C. 500mm　　　　D. 600mm

二、简答题

1. 布置梁后，如何通过视图范围使梁可显示？

2. 简述结构梁的创建过程。

3. 简述墙体上洞口的设置方法。

三、实操题

1. 根据下图给定尺寸，创建柱结构。

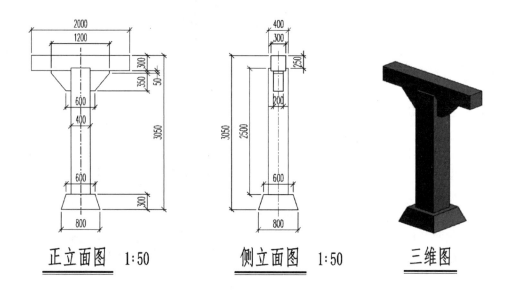

正立面图　1:50　　　　　　侧立面图　1:50　　　　　　三维图

2. 根据附件学生宿舍楼结构图纸，创建一层结构梁。

5　建筑模型的创建

一、单项选择题

1. Revit 墙体有（　　）种墙族。
A. 1　　　　　　　　B. 2　　　　　　　　C. 3　　　　　　　　D. 4

2. 可以在（　　）视图中使用"墙饰条"工具。
A. 平面视图　　　　　　　　　　B. 立面视图
C. 天花板视图　　　　　　　　　D. 明细表

3. 以下有关"墙"的说法描述有误的是（　　）。
A. 当激活"墙"命令以放置墙时，可以从类型选择器中选择不同的墙类型
B. 当激活"墙"命令以放置墙时，可以在"图元属性"中载入新的墙类型
C. 当激活"墙"命令以放置墙时，可以在"图元属性"中编辑墙属性
D. 当激活"墙"命令以放置墙时，可以在"图元属性"中新建墙类型

4. 将门从当前墙偏移至对面墙，操作步骤为（　　）。
A. 选择门，点击偏移，指定距离　　　B. 点击偏移，选择门，指定距离
C. 拾取新主体　　　　　　　　　　D. 以上都可以

5. 窗定位时，需要修改（　　）。
A. 离地高度　　　　　　　　　　B. 临时尺寸标注
C. 以上两者都需要修改　　　　　D. 窗尺寸

6. 在插入门之前，用（　　）调整门的朝向。
A. 鼠标　　　　　B. 空格键　　　　　C. Tab 键　　　　　D. Shift 键

7. 在三维视图插入窗时，窗会自动放置在标高层的（　　）。
A. 顶部　　　　　　　　　　　　B. 底部
C. 中部　　　　　　　　　　　　D. 窗属性中设置的窗底高度

8. 以下哪种方法可以在幕墙内嵌入基本墙（　　）。
A. 选择幕墙嵌板，将类型选择器改为基本墙
B. 选择竖梃，将类型改为基本墙
C. 删除基本墙部分的幕墙，绘制基本墙
D. 直接在幕墙上绘制基本墙

9. 幕墙系统是一种建筑构件，它由（　　）主要构件组成。
A. 嵌板　　　　　　　　　　　　B. 幕墙网格
C. 竖梃　　　　　　　　　　　　D. 以上皆是

10. 使用面幕墙系统不可以创建（　　）构件。
A. 曲面墙　　　　　　　　　　　B. 斜墙
C. 屋顶　　　　　　　　　　　　D. 楼板

11. 楼板的创建方式有（　　）。
A. 边界线　　　　　　　　　　　B. 坡度箭头
C. 跨方向　　　　　　　　　　　D. 以上都是

12. 楼板边界的绘制方式有（　　）。
A. 画线　　　　　　　　　　　　B. 拾取墙
C. 拾取线　　　　　　　　　　　D. 以上都是

13. 楼板轮廓编辑后，选择楼板，在选项栏中多出了（　　）按钮选项。

A. 编辑轮廓   B. 删除草图

C. 附着   D. 分离

14. 连接命令在（   ）面板中。

A. 剪贴板   B. 修改

C. 视图   D. 几何图形

15. 在属性对话框中，修改（   ）的数值，可以修改屋顶的垂直位置。

A. 高度   B. 自标高的高度偏移

C. 标高   D. 房间边界

16. 下列选项中，不属于 Revit 中洞口面板下命令的是（   ）。

A. 竖井洞口   B. 墙洞口

C. 门洞口   D. 老虎窗洞口

17. 创建垂直于楼板、天花板、屋顶、梁、柱子、支架等选定面的剪切洞口用（   ）洞口工具。

A. 按面   B. 墙

C. 竖井   D. 垂直

18. 要创建一个垂直于标高（而不是垂直于面）的洞口，需使用下列（   ）洞口工具（   ）。

A. 竖井   B. 墙

C. 按面   D. 垂直

19. "竖井"洞口工具一般在（   ）视图中绘制轮廓。

A. 平面   B. 立面

C. 三维   D. 以上都可以

20. 绘制天花板要在（   ）视图中。

A. 平面   B. 三维

C. 立面   D. 以上都可以

21. Revit 中删除坡道时，与坡道一起生成的扶手（   ）。

A. 将被保留   B. 将同时被删除

C. 提示是否删除   D. 提示是否保留

22. Revit 中创建楼梯，在修改面板中【创建楼梯】-【构件】按钮中不包含（   ）构件。

A. 支座   B. 平台

C. 梯段   D. 梯边梁

23. 创建坡道，功能区会显示为【修改｜创建坡道草图】，其中不包含以下（   ）绘制。

A. 梯段   B. 边界

C. 踏面   D. 踢面

24. Revit 中创建楼梯，在【修改｜创建楼梯】-【构件】中不需要设置的选项有（   ）。

A. 所需踢面数   B. 实际踢面高度

C. 实际踏板深度   D. 以上均不正确

25. 在绘制扶手时，设置扶手的主体为"楼板"，生成扶手后，修改楼板的标高，则（   ）。

A. 扶手会以绘制时的默认标高位置不发生变化

B. 扶手会以绘制时楼板的位置不发生变化

C. 扶手会随楼板的变化而变化

D. 扶手将会被删除

26. 修改房间边界可使用（   ）。

A. 修改模型图元中房间边界参数   B. 添加房间分隔线

C. 以上两者都可以   D. 无法修改

27. 房间颜色可设置为(   )。

A. 红色
B. 蓝色
C. 白色
D. 任意颜色

28. 如何修改房间的名称(   )。

A. 单击房间，名称呈可输入状态
B. 创建房间时设置
C. 项目样板中修改
D. 无法修改

二、多项选择题

1. 创建天花板有(   )方式。

A. 自动创建天花板
B. 楼板复制为天花板
C. 绘制天花板
D. 屋顶绘制
E. 自动插入天花板

2. 可以通过下列(   )方式绘制天花板。

A. 拾取墙
B. 使用绘制工具
C. 绘制参照平面
D. 拾取梁
E. 以上都可以

3. 草图楼梯包括(   )元素。

A. 边界
B. 踏面
C. 楼梯路径
D. 踢面
E. 平台

4. 绘制栏杆扶手的方式包括(   )。

A. 放置在楼梯上
B. 放置在坡道上
C. 绘制路径
D. 放置在墙上
E. 放置在梁上

三、思考题

1. "竖井"洞口工具和"垂直"洞口工具在运用过程中的区别。

2. "墙洞口"创建工具只能创建矩形洞口，如果想要创建圆形或是多边形等不规则的洞口形状，该如何操作？

3. 练习完成老虎窗的绘制。

4. 天花板构造有哪些特点？和楼板有什么区别？

5. Revit 中绘制天花板和楼板有哪些相同与不同的地方？

6. 楼梯绘制时，为什么最后一节台阶搭不上楼梯的顶部高度？

7. 扶手没有搭在楼梯上如何处理？

6 设备模型的创建

1. 风管绘制默认快捷键是（   ）。

A. PI   B. FG   C. DT   D. VT

2. 如下图，管道的垂直对正方式是（   ）。

A. 中心对齐   B. 顶对齐   C. 底对齐   D. 左对齐

3. 电缆桥架尺寸分隔符是（   ）。

A. ×   B. ＋   C. /   D. —

4. 线管尺寸，（   ）是指线管的内径大小。

A. ID   B. OD   C. AB   D. AD

5. 导线类型不包含（   ）。

A. 弯曲导线   B. 弧形导线

C. 样条曲线导线   D. 带倒角导线

二、多项选择题

1. 目前风管的形状有（   ）。

A. 矩形   B. 圆形

C. 椭圆形   D. 封闭形

E. 正方形

2. 视图中，风管系统模型根据不同的"详细程度"所显示的效果不同，单击"视图控制栏"中的"详细程度"按钮，主要有（   ）。

A. 粗略   B. 精细

C. 中等   D. 一般

E. 普通

3. 创建管道系统过滤器时过滤类别应选（   ）。

A. 管件   B. 管道

C. 管道附件   D. 管道隔热层

E. 线管

4. 管道尺寸应在"机械设置"中进行，可通过（   ）方式打开"机械设置"对话框。

A. "布管系统配置"→"管道尺寸"

B. 单击功能区"系统"→"机械" ↘

C. 单击功能区"管理"→"MEP 设置"→"机械设置"

D. 直接键入 MS

E. 直接键入 JS

5. 目前电缆桥架的形状有（   ）。

A. 梯形   B. 槽形

C. 带配件的电缆桥架   D. 无配件的电缆桥架

E. 封闭形

6. 视图中，电缆桥架模型根据不同的"详细程度"所显示的效果不同，单击"视图控制栏"中的"详细程度"按钮，主要有(　　)。

A. 粗略　　　　　　　　　　　　　　B. 精细

C. 中等　　　　　　　　　　　　　　D. 一般

E. 普通

7. 线管有两种管路形式，分别是(　　)。

A. 带配件的线管　　　　　　　　　　B. 无配件的线管

C. 常用线管　　　　　　　　　　　　D. 弯曲线管

E. 标准线管

三、简答题

1. 简述机械设备连接管道的几种方式。

2. 简要说明如何设置给水管道系统过滤器。

3. 管线与配电箱如何连接？

4. 如何手动绘制导线？

四、实操题

1. 根据下图绘制风管系统，未注明尺寸自行定义（风口尺寸：630mm×160mm，风管高度 $H+$ 2700）。

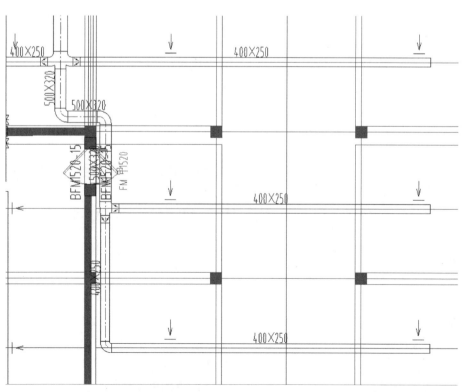

2. 根据下图创建给水系统模型，未注明尺寸自行定义。

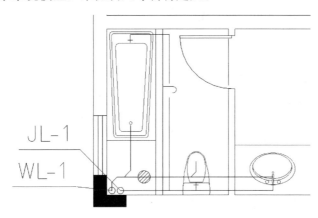

3. 某学校学生宿舍单间面积 23.01m² （5.9m×3.9m），室内空间高度为 2.9m，在顶部中间布置悬挂式双管直管形荧光灯，采用单联单控开关控制这盏灯，开关距地 1.4m。请依据上述条件绘制出示意模型图。

7 体量的创建

一、单项选择题

1. 在 Revit 中( )选用预先做好的"体量族"。

A. 使用"创建体量"命令　　　　　　　B. 使用"放置体量"命令

C. 使用"构件"命令　　　　　　　　　D. "导入/链接"命令

2. 概念体量主要用于( )阶段。

A. 项目概念设计　　　　　　　　　　B. 施工图设计

C. 项目施工　　　　　　　　　　　　D. 项目验收

3. 下列不可用于产生形状的图元是( )。

A. 参照线　　　　　　　　　　　　　B. 由点创建的线

C. 点　　　　　　　　　　　　　　　D. 另一个形状的边

4. Revit 墙门窗属于( )。

A. 施工图构件　　　　　　　　　　　B. 模型构件

C. 标注构件　　　　　　　　　　　　D. 体量构件

5. 下列不能基于体量创建的面模型是( )。

A. 墙体　　　　　　　　　　　　　　B. 屋顶

C. 场地　　　　　　　　　　　　　　D. 楼板

6. 由体量面创建的建筑图元在体量形状修改后( )。

A. 原有面模型会自动更新　　　　　　B. 原有面模型不会自动更新

C. 使用"面的更新"命令进行更新　　　D. 原有面模型会自动删除

7. 明细表可统计体量的( )信息。

A. 总体积　　　　　　　　　　　　　B. 楼层面积

C. 总表面积　　　　　　　　　　　　D. 总建筑面积

二、简答题

简述体量环境下，从模型线创建的图形或从参照线创建的图形进行修改时有什么不同。

三、思考题

谈谈你对体量和族的理解。

四、实操题

根据下图给出的投影尺寸创建体量模型。

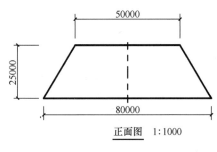

正面图　1:1000

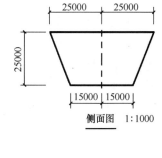

侧面图　1:1000

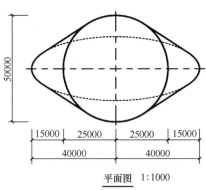

平面图　1:1000

8 族 的 创 建

一、单项选择题

创建拉伸时，轮廓草图必须是(　　　)。

A. 开放的环 　　　　　　　　　　　　B. 闭合的环

C. 开放的多个环，且不相交 　　　　　D. 闭合的多个环，且不相交

二、思考题

系统族、标准构件族、内建族之间有什么区别，在实际项目中该如何选择?

三、实操题

用内建模型的方式绘制正四面体，尺寸自定。

9 成 果 输 出

一、单项选择题

1. Revit 中下列（   ）是设计选项不支持的图元。

A. 墙体
B. 门

C. 注释和详图
D. 窗

2. 在 Revit 中附加详图组是指（   ）。

A. 含有模型和详图对象的组

B. 将与现有模型组相关联的视图专有图元（标记和尺寸标注）成组

C. 依附于详图组存在的组

D. 以上说法都不对

3. 在 Revit 中下列关于详图构件的描述，错误的选项是（   ）。

A. "详图构件"命令只能在详图视图或绘图视图中放置详图构件

B. 可以使用详图项目标记来标记详图构件

C. 详图构件随模型而不是随图纸调整其比例

D. 详图构件随图纸而不是随模型调整其比例

4. 在 Revit 中关于明细表的说法错误的是（   ）。

A. 修改项目模型时，所有明细表都会自动更新

B. 修改项目中建筑构件的属性时，相关的明细表会自动更新

C. 在明细表视图中，可隐藏或显示任意项

D. 在明细表中不可以编辑单元格

5. 在 Revit 中以下关于图纸的说法错误的是（   ）。

A. 用"视图-图纸"命令，选择需要的标题栏，即可生成图纸视图

B. 可将平面、剖面、立面、三维视图和明细表等模型视图布置到图纸中

C. 三维视图不可以和其他视图放在同一图纸中

D. 图纸视图可以直接打印出图

6. 在 Revit 中体量族的设置参数中，以下不能录入明细表的参数是（   ）。

A. 总体积
B. 总表面积

C. 总楼层面积
D. 总建筑面积

7. Revit 链接建筑模型，设置定位方式中，自动放置的选项不包括（   ）。

A. 中心到中心
B. 原点到原点

C. 按共享坐标
D. 按默认坐标

8. 在链接模型时，主体项目是公制，要链入的模型是英制，如何操作（   ）。

A. 把公制改成英制再链接
B. 把英制改成公制再链接

C. 不用改就可以链接
D. 不能链接

9. 在 Revit 中不仅能输出相关的平面的文档和数据表格，还可对模型进行展示与表现，下列有关创建相机和漫游视图描述有误的是（   ）。

A. 默认三维视图是正交图

B. 相机中的【重置目标】只能使用在透视图里

C. 漫游只可在平面图中创建

D. 在创建漫游的过程中无法修改已经创建的相机

10. 单击漫游视图的边框线，在（   ）选项卡"修改/相机"的"漫游"中选择"编辑漫游"按钮。

A. 上下文　　　　　　　　　　　B. 建筑

C. 结构　　　　　　　　　　　　D. 设备

11. 默认情况下场地材质为素土夯实，我们可以把它改成（　　），渲染的时候有更好的效果。

A. 树林　　　　　　　　　　　　B. 池塘

C. 山地　　　　　　　　　　　　D. 草地

12. 下列（　　）不能打开视图的"图形显示选项"。

A. 单击视图控制栏中的【视觉样式】-【图形显示】

B. 单击视图"属性"栏中的【图形显示选项】

C. 单击【视图】选项卡中的图形栏的小三角

D. 单击【项目浏览器】-【选项】-【渲染】

13. Revit 中，提供了（　　）种明细表视图。

A. 3　　　　　　　　　　　　　B. 4

C. 5　　　　　　　　　　　　　D. 6

14. 在 Revit 中下列关于详图构件的描述，错误的选项是（　　）。

A. "详图构件"命令只能在详图视图或绘图视图中放置详图构件

B. 可以使用详图项目标记来标记详图构件

C. 详图构件随模型而不是随图纸调整其比例

D. 详图构件随图纸而不是随模型调整期比例

二、判断题

1. 利用明细表统计功能，不仅可以统计项目中各图元对象的数量、材质、视图列表等信息，还可以通过设置"计算值"功能在明细表中进行数值运算。　　　　　　　　　　　　　　（　　）

2. 在楼层平面视图下，视图控制栏可以显示渲染按钮。　　　　　　　　　　（　　）

三、简答题

1. 简述详图修改包含的内容和操作步骤。

2. 简述将明细表添加到图纸中的操作方法。

3. 如何通过共享坐标进行多栋单体快速整合？

4. 漫游路径如何设置和修改？

5. 在房间图例创建中如何对颜色方案进行设置？

6. 在门明细表中，如何按"族和类型"进行排序/成组？

模块 2 《BIM 建模应用》实训任务书

1. 实训开设的目的与要求

（1）实训目的

为了向建筑行业信息化技术发展输送合格的专业技能人才，提高建筑业从业人员信息技术的应用水平，推动技术创新，满足建筑业转型升级需求；同时充分利用现代信息化技术，提高建筑业生产效率、节约成本、保证质量，高效应对在工程项目策划与设计、施工管理、材料采购、运行和维护等全生命周期内进行信息共享、传递、协同、决策等任务，职业教育建设工程管理类专业开设了《BIM 建模应用》课程。人力资源和社会保障部、中国图学学会等相关部门组织的全国 BIM 技能等级考试，其中一级（初级）考试要求就是需要 BIM 技术人员具有建立 BIM 模型的能力，为后续开展设计、施工、造价、运维工作等提供基础信息模型。

目前，建设工程管理类专业开设了《BIM 建模应用》课程，运用有针对性的、完整的、适宜教学的工程作为项目案例，通过课程实训把建筑工程识图、三维建模、三维建模构件属性设置的基础核心软件——Revit 在专业学生中广泛运用。同时课程穿插介绍与全国 BIM 技能等级考试一级与二级考试大纲要求的部分内容，满足了专业人才信息化技能培养需求。

（2）实训要求

1）正确识读小别墅项目案例建筑工程建筑施工图，同时学会查询图纸中涉及的相关规范，例如《建筑信息模型应用统一标准》GB/T 51212—2016 等。

2）结合老师讲解，根据需要学习课程配套资源，尤其是案例工程项目操作视频。可根据需要学习相关视频以达到把小别墅模型系统、完整、准确地在 Revit 软件中构建模型。

3）阅读《建筑工程设计信息模型制图标准》JGJ/T 448—2018，了解国家标准建筑工程项目设计过程相关内容（表 1）。

各专业代码统一规定 表 1

专业	专业代码	英文专业代码	备注
建筑	建	A	含建筑、室内设计、总图
结构	结	S	含结构
给水排水	水	P	含给水排水、管道、消防
暖通空调	暖	M	含采暖、通风、空调、机械
电气	电	E	含电气（强电）、通信（弱电）、消防

尤其注意专业代码和英文专业代码一个项目内只能选择一种表达方式。

建筑专业的主要 BIM 模型元素命名应符合表 2 的规定。

建筑专业主要 BIM 模型元素命名原则 表 2

类别	命名原则	示例
墙	类型—主体材质—主体厚度（扩展描述）	内墙—页岩空心砖 _ 200
幕墙	幕墙类型-编号	普通玻璃幕墙 _ 01
楼、地面	使用位置—结构材质—结构高度（mm）（扩展描述）	卫生间楼板—混凝土 _ 100
门	类型—宽度（mm）×高度（mm） _ （拓展描述）	双开门 _ 1200×2200 _ （平）
窗	类型—宽度（mm）×高度（mm） _ （拓展描述）	平开窗—1800×1800 _ （塑钢）
屋面	屋面—主体材质—主体厚度（mm） _ （拓展描述）	屋面—混凝土 _ 100
天花板	天花板—主体材质—主体厚度（mm）（拓展描述）	天花板—石膏板 _ 15

2. 实训开设的目标与要求

（1）任务目标

结合建筑图纸绘制完成建筑信息模型，完成平面图中的轴网标高、细部标注，利用 Revit 软件做出较完整的建筑信息模型；利用模型做渲染图片；学习生成内建模型等。

（2）具体任务分解

① 完成建筑标高、轴网绘制与尺寸标准；

② 首层、标准层及屋顶层墙体的绘制；

③ 完成门窗的新建和放置，形成门窗表；

④ 熟练运用修改工具完成楼板构件的建立；

⑤ 屋顶、天花板等建筑构件的建立；

⑥ 楼梯、坡道等局部模型建立；

⑦ 建筑柱、梁的绘制。

3. 实训纪律与考核

（1）实训纪律

本课程实训地点为校内专业实训机房，要求同学们每次课堂固定时间到达机房完成实训项目。除指定的时间外，也可以充分利用课余时间加强练习。

（2）实训成果及考核

① 实训成果包括每次课程实训作业的完成；

② 指导老师根据学生实训中的表现、出勤、答疑、成果提交情况，通过综合考查评定学生的实训成绩；

③ 实训内容要求必须是个人真实完成成果，不得拷贝他人作业，如有雷同现象，成绩作不及格处理。

4. 实训安排

实训内容及课时安排等信息见表 3（表中为推荐安排，可根据教学需要灵活调整）。

实训内容及课时 表3

序号	实训内容	实训方式手段	计算机上机时数
1	创建标高和轴网	计算机软件实操	
2	创建柱子	计算机软件实操	
3	墙体构件绘制	计算机软件实操	
4	门窗构件绘制	计算机软件实操	
5	楼板绘制	计算机软件实操	
6	幕墙的绘制	计算机软件实操	
7	台阶、坡道绘制	计算机软件实操	
8	扶手、楼梯绘制	计算机软件实操	
9	屋顶构件绘制	计算机软件实操	
合计			

5. 实训工程基本资料

（1）房建工程案例（在教师指导下，学生独立完成建模任务）

该项目为地上两层框架结构小别墅（图 1），是比较常见的结构形式。建筑总高度为 9.064m，项目总体较齐全，体量不大，适合练习。

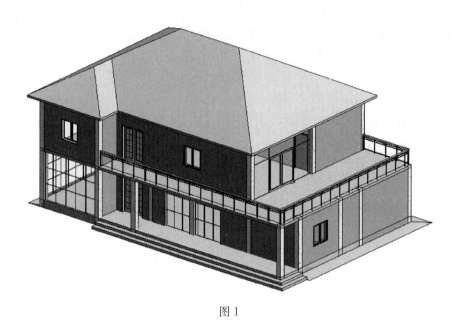

图1

（2）课程考核案例（规定时间内学生独立完成，图学学会 BIM 一级考试练习）

根据图2、图3平面图及立面图给定的尺寸，建立别墅模型。请以"小别墅"为名进行保存。具体要求如下：

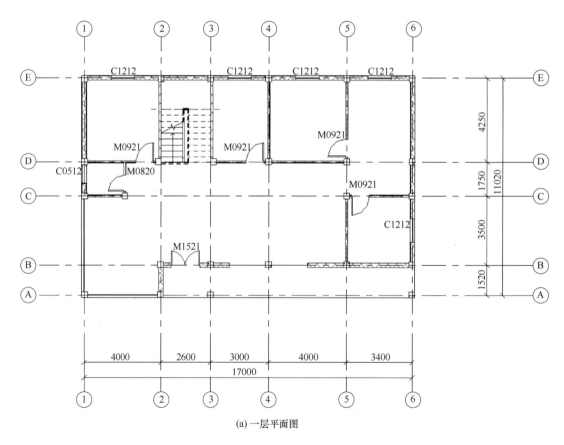

(a) 一层平面图

图 2（一）

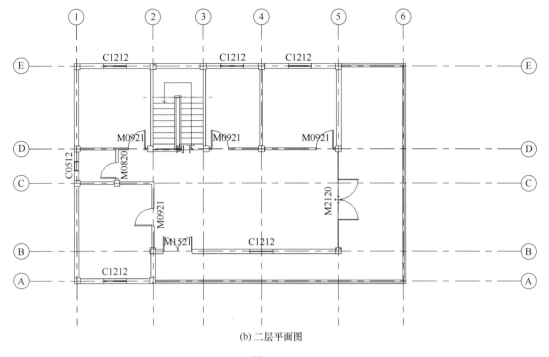

(b) 二层平面图

图 2（二）

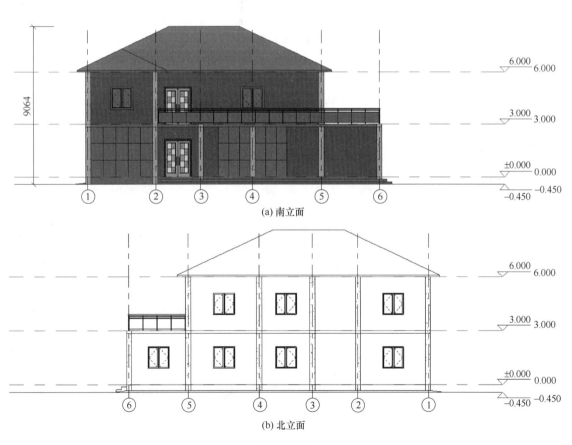

(a) 南立面

(b) 北立面

图 3（一）

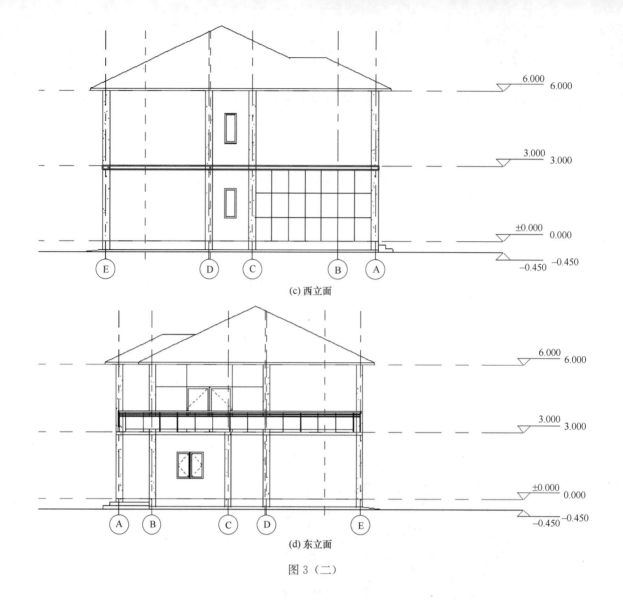

(c) 西立面

(d) 东立面

图 3 (二)

(1) 基本建模

1) 建立墙体模型，其中内墙厚度均为 120mm，外墙厚度均为 240mm，一层层高 3000mm，二层层高 3000mm，室外地坪低于室内地坪 450mm（墙体材料自定）。

2) 建立各层楼板模型，其中二层楼板厚度为 150mm（主要绘制地面及二层楼板），一层为 450mm，并放置楼梯模型，扶手尺寸取适当值即可。

3) 建立屋顶模型，其中屋顶为坡屋顶，厚度为 100mm，各坡面坡度均为 25°。

(2) 门窗建模

1) 按平、立面要求，布置内外墙门窗，其中内外墙门窗布置位置需精确，采用建模软件内置构件集即可。

2) 门构件集共有 4 种型号 M0820、M0921、M1521、M2120，窗户构件有 C1212、C0512，窗台高均为 900mm。

模块 3 《BIM 建模应用》实训指导书

1. 基于 Revit 的建模过程——标高、轴网

（1）创建和编辑标高

启动 Revit→"新建"→"项目"，样板文件为"建筑样板"；单击"管理"选项卡→项目单位→"长度"为 mm，面积为 m²；项目浏览器→"立面"视图→绘制标高。移动鼠标指针至标高 2 位置，单击标高值 3.000，进入标高值文本编辑状态。同时将标高名称改为 3.000（图 1）。

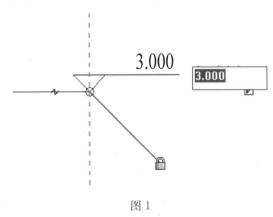

图 1

标高名称可以改变，楼层平面名称也随之改变。要修改标高头需要使用公制标高头的族样板文（图 2）。

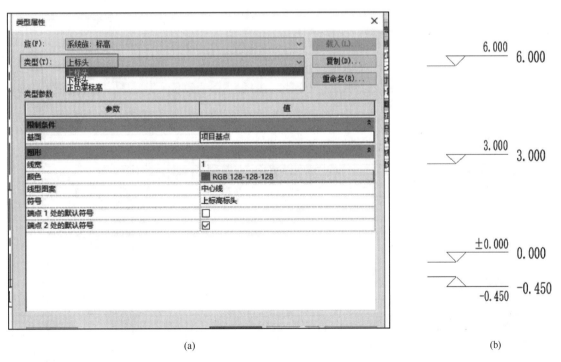

(a)

(b)

图 2

单击 ![按钮图标] 按钮，在菜单中选择"保存"选项，指定保存位置并命名，将项目保存为 .rvt 格式的文件（图 3）。

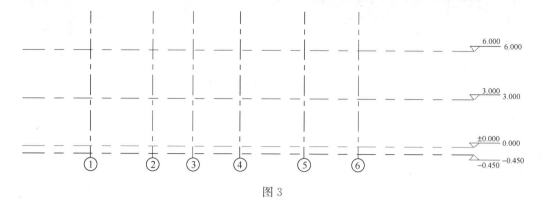

图 3

提示：先标高后轴网，标高在立面绘制，轴网在平面绘制；使用修改工具前必须切换至"修改"模式；修改楼层平面名称可以选择同步修改标高名称；标高由标高头和标高线形成的两个部分组成；要修改标高的标高头需要使用公制标高标头；Revit将捕捉已有标高端点并显示端点对齐蓝色虚线。

（2）创建和编辑轴网

1）切换至标高1结构平面视图（图4）。

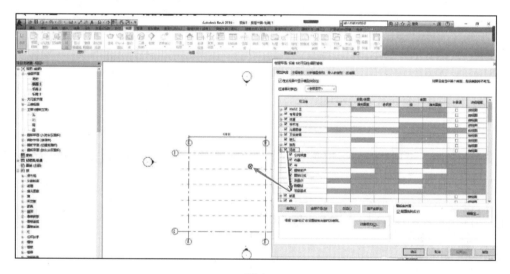

图 4

2）单击"建筑"→"基准"→"轴网"工具，进入轴网绘制状态（图5）。

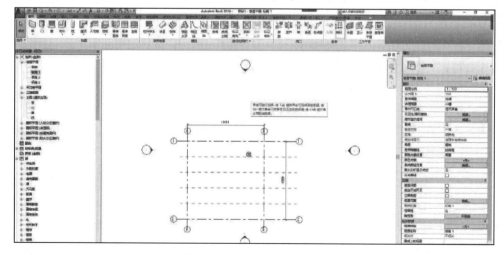

图 5

3）移动鼠标指针单击作为轴线起点，并自动为该轴线编号为1。

4）确认 Revit 处于放置轴网状态。移动鼠标指针到轴线起点右侧任意位置，Revit 将自动捕捉轴线的起点，给出对齐捕捉参考线，并显示临时尺寸标注。

5）"注释"→"尺寸标注"→"对齐"命令可以对轴网标注尺寸（图6）。

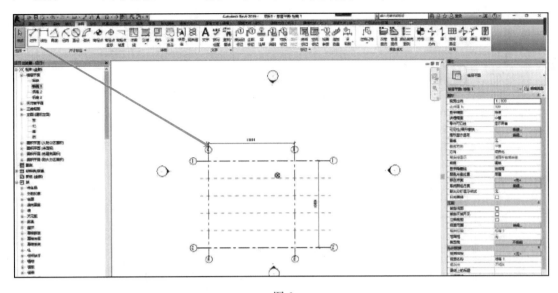

图 6

6）尺寸标注可以根据要求对标注进行锁定，当尺寸标注应用了"锁定对象"命令后，尺寸线将无法通过尺寸标注值修改。

7）对修改永久尺寸标注的数值，先选参照，然后输入要修改的尺寸，即单击要修改的尺寸界线，然后输入要修改的值（图7）。

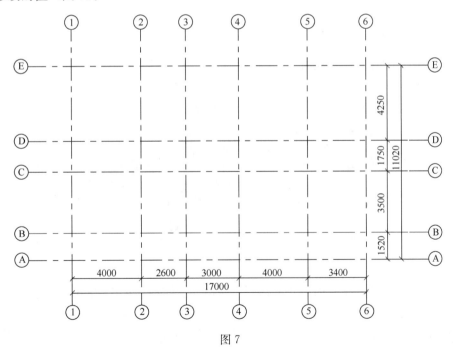

图 7

2. 柱子的绘制

（1）绘制方法

1）垂直柱

放置垂直柱有三种方法：

① 点放：单击【结构】选项卡【柱】功能，进入结构柱放置模式，在放置柱之前，先载入符合项目使用的族，放置方式有深度、高度两种形式。高度是从下向上绘制，深度是从上向下绘制。本项目柱子如图 8 所示。

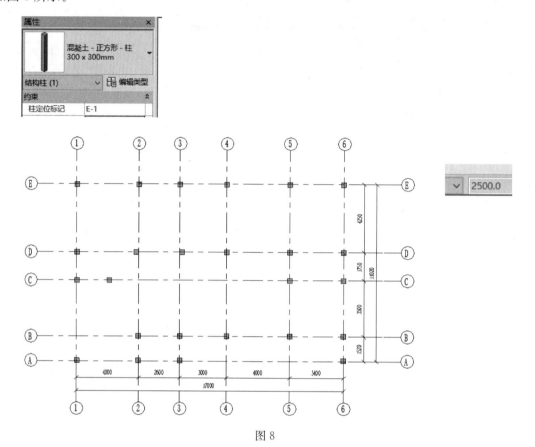

图 8

② 在轴网处放置：创建多个结构柱，"建筑选项卡"→"柱"→"结构柱"→"在轴网处"，点放在轴网交点处，也可以框选轴网（图 9）。

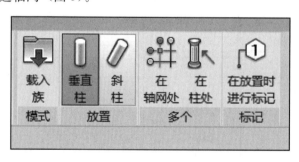

图 9

③ 在柱处用于在选定的建筑柱内创建结构柱，结构柱能捕捉到建筑柱的中心，点放或框选即可。

2）斜柱

在选择结构柱后，把柱的形式选择为斜柱，即可绘制斜柱。通过单击两次在平面视图上放置斜柱：一次用于指定柱的起点，另一次用于指定柱的终点。

（2）实例属性

设置底部、顶部标高及材质。柱样式分为垂直、倾斜—角度控制、倾斜—端点控制。当柱附着的图元重新定位时，角度控制将保持柱的角度，端点控制将保持柱的连接端点位置（图 10）。

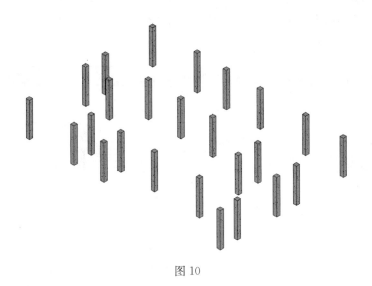

图 10

3. 墙体的绘制

（1）打开 Revit 软件，设置好标高后按照图纸要求绘制轴网，对于复杂的项目链接 CAD 图纸并建立好轴网（图 11）。

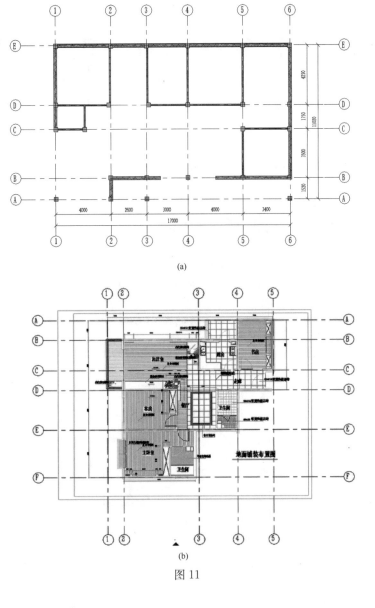

(a)

(b)

图 11

（2）选择工具栏中的注释，选择"对齐"量出墙体厚度，本项目外墙厚度 240mm，内墙厚度为 120mm（图 12）。

图 12

（3）在工具栏中选择建筑，选择墙（图 13）。

图 13

（4）在属性栏中找到墙体下拉菜单，发现没有 240mm 厚度的墙，可以选择常规 200mm 厚的墙体（图 14）。

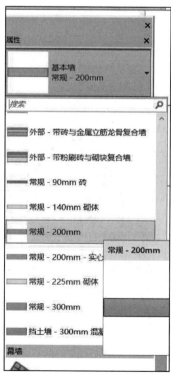

图 14

（5）在属性栏中找到编辑类型，点击（图 15）。

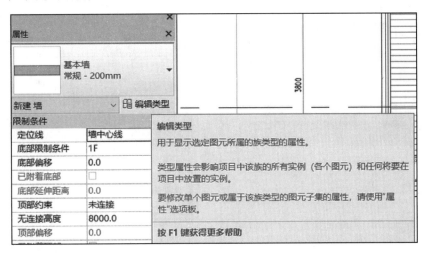

图 15

（6）在弹出的对话框的右上角点击复制，在对话框中将名称改为 150mm，点击"确定"（图 16）。

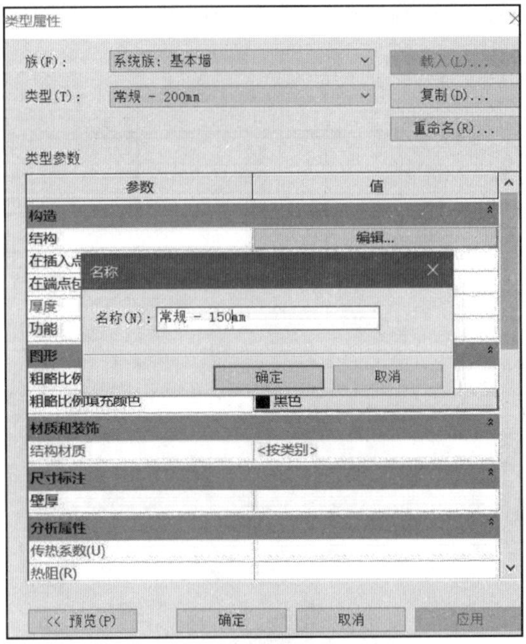

图 16

（7）在对话框的构造栏中选择"编辑"（图 17）。

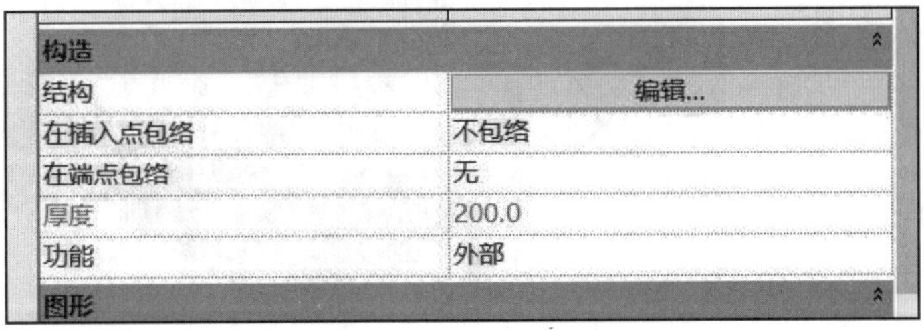

构造	
结构	编辑...
在插入点包络	不包络
在端点包络	无
厚度	200.0
功能	外部
图形	

图 17

（8）在弹出的对话框中将"结构"的厚度改为 150mm，点击"确认"（图 18）。

（9）将属性栏中"定位线"的"墙体中线"改为"墙中心线"，顶部约束改为3.0（图19）。

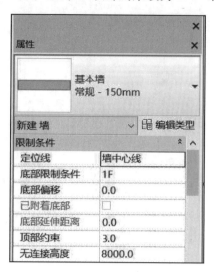

图 18

图 19

（10）绘制墙体，按照上述方法将墙体绘制完成，在三维视图下的效果图见图20。

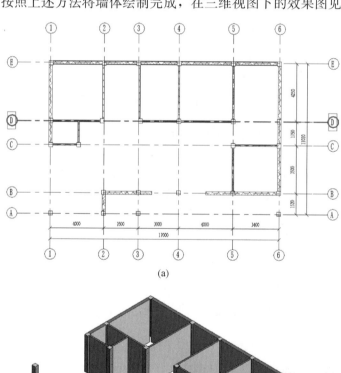

(a)

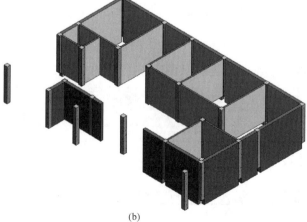

(b)

图 20

4. 门窗的绘制

首先绘制建筑墙体（内墙），门窗则在墙体上完成绘制。在下拉菜单中选择墙｜建筑，在属性菜单中定义墙体信息，即可开始绘制墙体。

具体绘制墙体的步骤也可参照以下经验：

完成门窗所在墙体的绘制之后，即可开始在墙体上绘制门窗，建筑菜单下有门的按钮，但通常使用该功能绘制的门窗仅有门窗洞口，要显示完整的门窗须要通过载入门窗族实现。选择插入｜载入族，在弹出的对话框中选择建筑｜门，找到需要载入的门的类型，完成载入即可。

载入族的具体操作也可参照以下经验：

完成建筑门的载入之后，点击建筑｜门，在属性菜单中选择载入的门构件，定义其属性，在建筑墙体上根据载入的建施图的标注完成门的绘制即可（图21）。

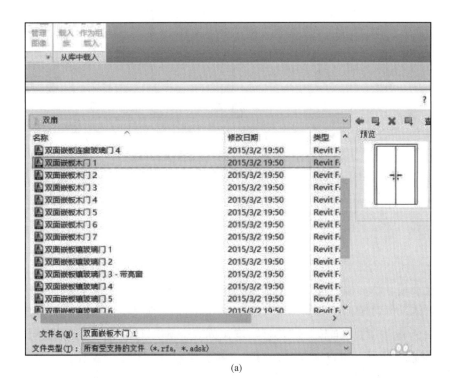

(a)

(b)

图 21

需要注意的是，绘制门窗须根据建施图（图 22）中给定的具体门窗定位尺寸绘制，而不能自己凭空建模。窗的绘制过程同门。

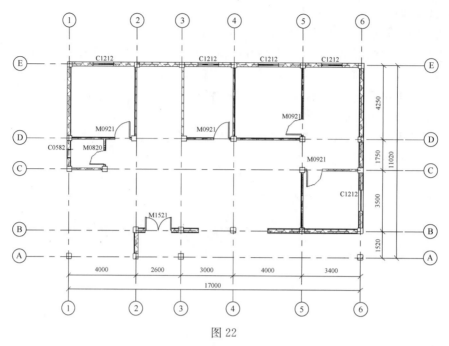

图 22

5. 楼板的绘制

可通过拾取墙或使用绘制工具定义楼板的边界来创建楼板。

通常，在平面视图中绘制楼板；尽管当三维视图的工作平面设置为平面视图的工作平面时，也可以使用该三维视图绘制楼板。

楼板会沿绘制时所处的标高向下偏移。

可以创建坡度楼板、添加楼板边缘至楼板或创建多层楼板。在概念设计中，可使用楼层面积来分析体量，以及根据体量创建楼板。若要创建楼板，请拾取墙或使用绘制工具绘制其轮廓来定义边界。单击"建筑"选项卡→"构件"面板→"楼板"下拉列表→ 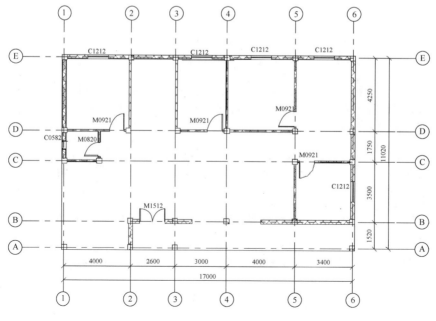（楼板：建筑）。楼层边界必须为闭合环（轮廓）。要在楼板上开洞，可以在需要开洞的位置绘制另一个闭合环（图 23）。

图 23

拾取墙：默认情况下，"拾取墙"处于活动状态。如果它不处于活动状态，请单击"修改 ｜ 创建楼层边界"选项卡 → "绘制"面板→ 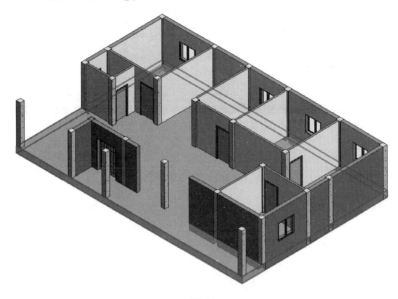（拾取墙）。在绘图区域中选择要用作楼板边界的墙（图 24）。

图 24

绘制边界：要绘制楼板的轮廓，请单击"修改 ｜ 创建楼层边界"选项卡→"绘制"面板，然后选择绘制工具。

在选项栏上，指定楼板边缘的偏移作为"偏移"。使用"拾取墙"时，可选择"延伸到墙中（至核心层）"测量到墙核心层之间的偏移。单击 ✔ 完成编辑模式。

编辑楼板草图：创建楼板之后，可以更改其轮廓来修改其边界。在平面视图中，选择楼板，然后单击"修改 ｜ 楼板"选项卡 → "模式"面板→ "编辑边界"。查看工具提示和状态栏，确保选择了该楼板而不是其他图元。使用绘制工具以更改楼层的边界。单击 ✔ 完成编辑模式。

6. 二层墙、门窗、楼板绘制

二层墙、门窗、楼板按照图纸绘制，操作同上（图 25）。

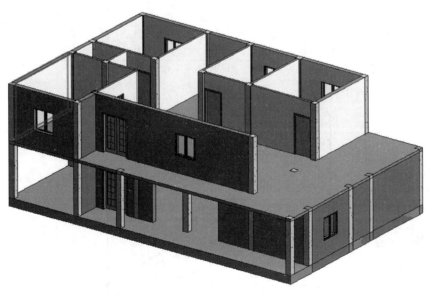

图 25

7. 幕墙的绘制

项目中绘制墙体分为三种：建筑墙（外墙、内墙）、结构墙及幕墙。建筑墙最常用，结构墙在要求的时候采用，是一种承重结构，幕墙在"基本墙"下拉菜单中才能看到。

幕墙网格和幕墙竖梃：分为自动添加和手动添加，自动添加通过"编辑类型"添加，是一种统一添加的效果，分为水平添加和垂直添加；手动添加就是在"建筑"中选择"幕墙网格""幕墙竖梃"添加（图26）。

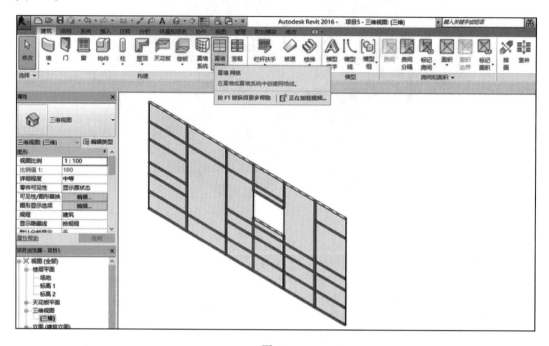

图 26

点击则会出现图27所示弹窗，按需要在"全部分段""一段"等进行选择。

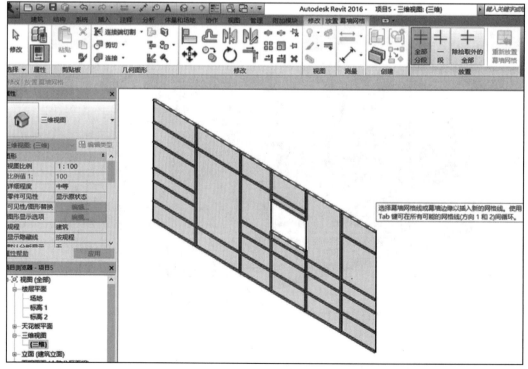

图 27

幕墙嵌板：选择幕墙中某一个网格边线，按 Tab 键，使其选中某一网格就会看到左侧"属性"中的名称变为"幕墙嵌板"，然后点击"编辑类型"对幕墙的材质、厚度、偏移量等进行修改（图 28）。

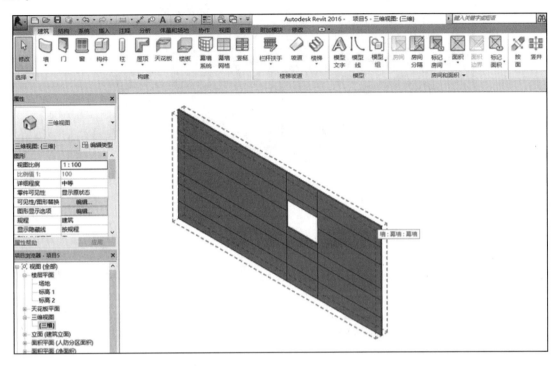

图 28

幕墙嵌板的第二个功能就是如何插入门，选中幕墙嵌板，然后载入所需要的门即可；另一种方法是选中幕墙嵌板，然后在左侧栏中下拉将其改为墙，然后插入门即可（图 29）。

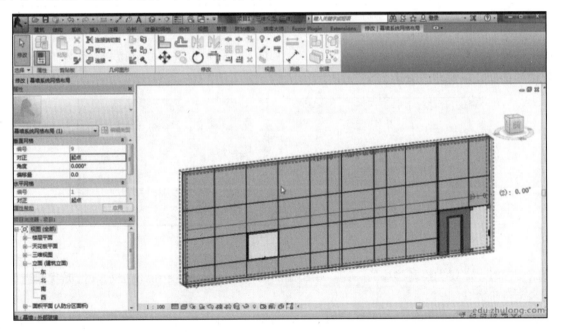

图 29（一）

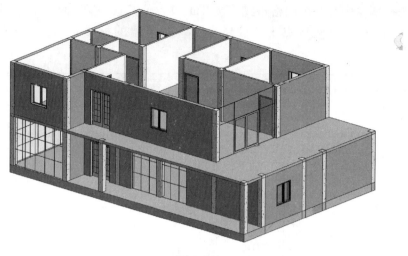

图 29 (二)

8. 楼梯、扶手的绘制

(1) 楼梯的绘制

楼梯绘制命令在 Revit 的建筑选项卡中，通过楼梯坡道设置栏就可以看到楼梯的绘制选项，点击即可进入到楼梯绘制命令（图 30）。

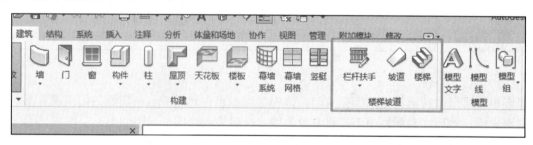

图 30

进入楼梯绘制命令，在窗口上方，可以选择楼梯的形式，可以选择螺旋楼梯等特殊形式，但是绝大多数楼梯都是直跑楼梯（图 31）。

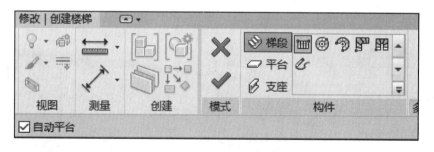

图 31

绘制楼梯时，需要先绘制楼梯的一跑，在绘制的时候，楼梯下方会出现提示，告诉我们当前台阶数以及剩余台阶数（图 32）。

完成第一跑楼梯的绘制后，如果楼梯的上下方向错误，可以点击右上角的"翻转"命令，将楼梯进行翻转，之后就可以绘制第二跑楼梯。将两跑楼梯全部绘制完毕后，系统就会自动连接两段楼梯，并且在第一跑的结束位置连接第二跑楼梯，形成休息平台。

在楼梯编辑命令下，楼梯的所有部件都可以进行修改，点击平台或者楼梯梯段，我们就可以拖动修改点，进行楼梯的尺寸修改（图 33）。

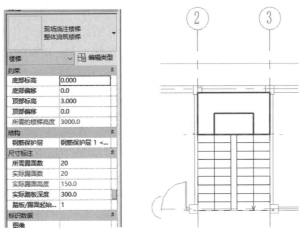

图 32

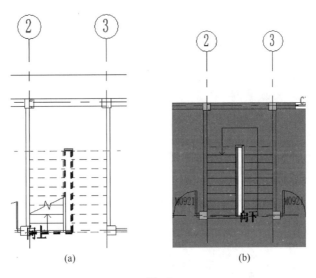

(a)　　　　　　　　(b)

图 33

完成楼梯的设置后就可以点击窗口上方设置栏的"✔"，完成楼梯的绘制并且输出楼梯道平面图到指定位置（图 34）。

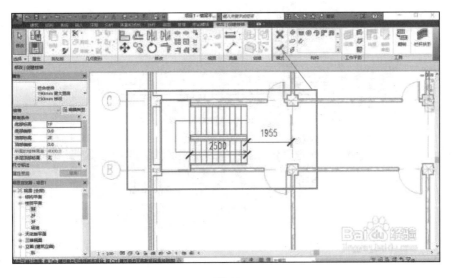

图 34

（2）扶手的绘制

在建筑功能选项卡中选择栏杆扶手-绘制路径，运用绘制路径的方式生成本项目中二层平台扶手。在 3.00 平面视图中运用直线绘制工具绘制路径后，点击按钮 ✔ 完成编辑模式，生成扶手（图 35）。

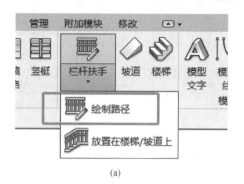

(a)

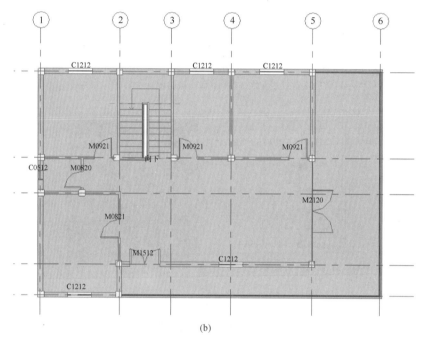

(b)

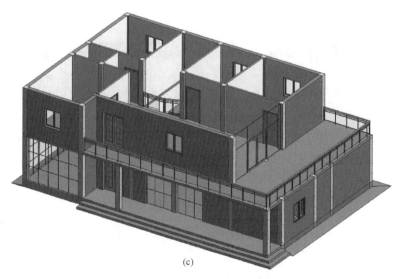

(c)

图 35

9. 屋顶的绘制

在平面视图 6.00 中绘制本项目屋顶，选择"建筑"→"屋顶"→"迹线屋顶"（图 36），单击"确定"。

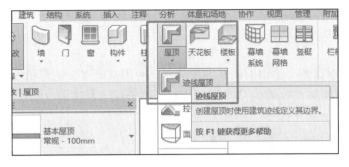

图 36

运用直线绘制工具绘制屋顶边界线。绘制完成后，点击按钮 ✔ 完成编辑模式，生成多坡屋顶（图 37）。

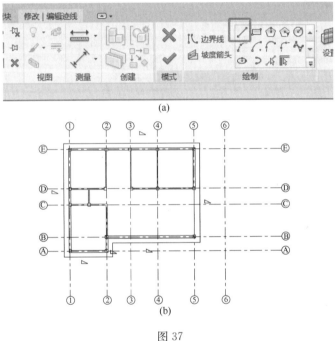

(a)

(b)

图 37

单击顶部"三维视图"按钮，在下方选择视觉样式为着色，绘制完成（图 38）。

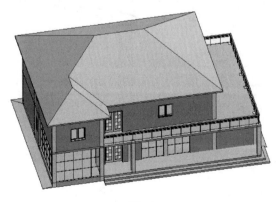

图 38

模块 4　相关资格考试试题分析

题 1. 根据图 1 给出的剖面图及尺寸，利用基础墙和矩形截面条形基础，建立条形基础模型，并将材料设置为 C15 混凝土，基础长度取合理值。

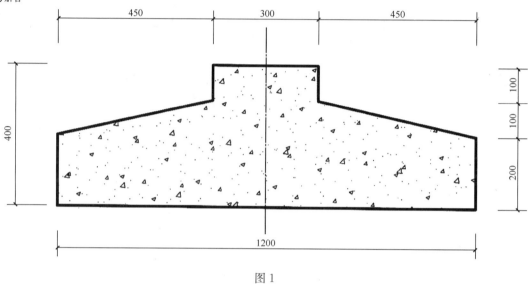

图 1

题 2. 根据图 2 所示平面图及立面图，基于结构板建立 270°坡道模型，坡道厚度为 200mm，混凝土强度取 C35。

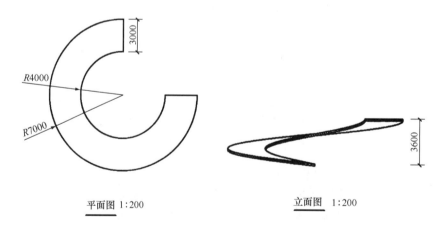

平面图 1:200　　　　　立面图 1:200

图 2

题 3. 根据图 3 所示混凝土板平法标注，建立混凝土板模型并进行配筋，桥面板混凝土强度等级取 C30，保护层厚度自取。

题3参考解答

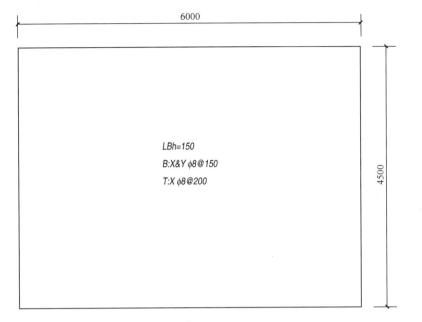

LBh=150
B:X&Y φ8@150
T:X φ8@200

平面图 1:50

图 3

题 4. 请根据图 4 所示平面图及立面图，建立钢管桁架模型。图中右立面下弦杆轴线为圆弧曲线，半径为 15000mm，其他未标出的尺寸可取合理值。

题4参考解答

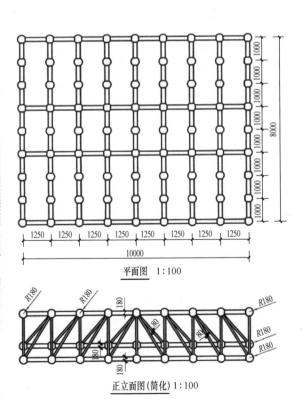

平面图 1:100

正立面图(简化) 1:100

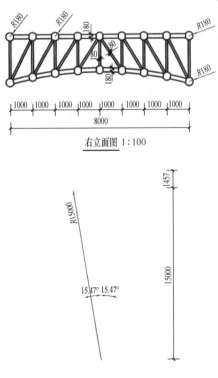

右立面图 1:100

右立面钢管轴线示意图 1:200

图 4

题 5. 创建如图 5 所示墙体，完毕后以标高 1 和标高 2 为底、顶约束，创建半径为 6000mm 的圆形墙体（以墙核心层内侧为基准），最终结果以"组合墙"为名进行保存。

题5参考解答

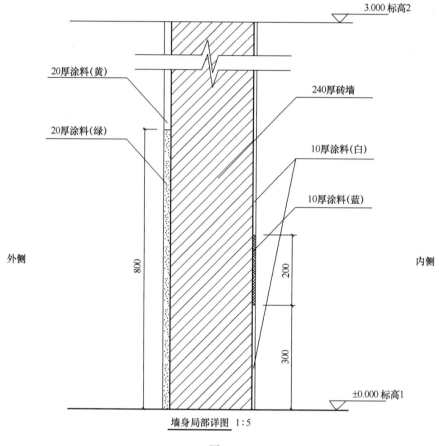

图 5

题6参考解答

题 6. 请用基于墙的公制常规模型族模板，创建符合图 6 中要求的窗族。该窗窗框断面尺寸为 60mm×60mm，窗边框断面尺寸为 40mm×40mm，玻璃厚度为 6mm，墙、窗框、窗扇边、玻璃全部中心对齐，并创建窗的平、立面表达。

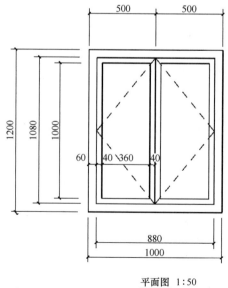

平面图 1:50

图 6

题 7. 根据图 7 给定的北立面和东立面，创建玻璃幕墙及其水平竖梃模型。

题7参考解答

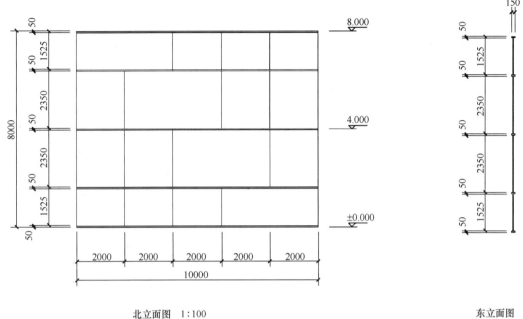

北立面图 1:100   东立面图 1:100

图 7

题 8. 据图 8 中给定的尺寸及详图大样新建楼板，顶部所在标高为 0.000，命名为"卫生间楼板"，构造层保持不变，水泥砂浆层进行放坡，并创建洞口。

题8参考解答

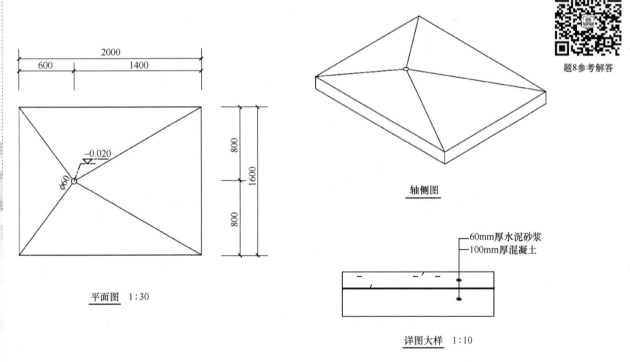

平面图 1:30   轴侧图

——60mm厚水泥砂浆
——100mm厚混凝土

详图大样 1:10

图 8

题9. 按照图9中平、立面图绘制屋顶，屋顶板厚均为400mm，其他建模所需尺寸可参考平、立面图自定。

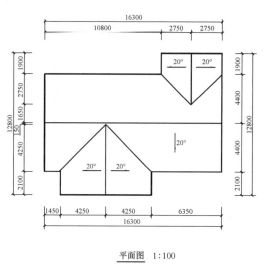

平面图 1:100

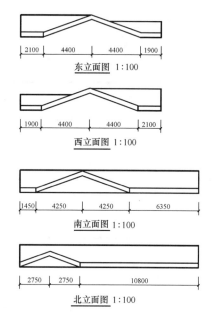

东立面图 1:100

西立面图 1:100

南立面图 1:100

北立面图 1:100

图 9

题10. 请根据图10创建楼梯与扶手，楼梯构造与扶手样式如图10所示，顶部扶手为直径40mm圆管，其余扶手为直径30mm管，栏杆扶手的标注均为中心间距。

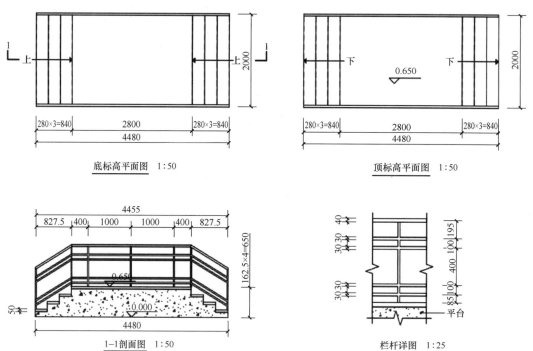

底标高平面图 1:50

顶标高平面图 1:50

1-1剖面图 1:50

栏杆详图 1:25

图 10

题11. 按照图11给出的防排烟平面图建立相应的模型。定义排烟系统颜色为棕色，补风系统为蓝色；风管中心对齐，中心标高为3.40m；参照平面图添加正确的阀件，图中房间内风口高度为2.8m。

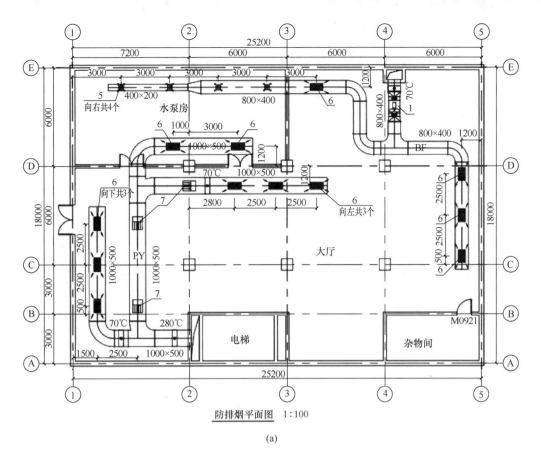

防排烟平面图 1:100

(a)

主要设备材料表

序号	设备名称	型号规格	单位	数量
1	混流风机	$L=14500m^3/h$ $P=373Pa$, $N=6kW$	台	1
2	70℃防火阀	800mm×400mm	个	1
3	70℃防火阀	1000mm×500mm	个	2
4	280℃防火阀	1000mm×500mm	个	1
5	方形散流器	300mm×300mm	个	4
6	双层百叶风口	800mm×400mm	个	12
7	多叶防火排烟口	(250+800)×600mm	个	3
8	VRV室内机	制冷量$Q=11.2kW$ $N=376W$, $P=90Pa$	个	5
9	双层百叶风口	400mm×400mm	个	5
10	铜铝复合散热器	600mm高	片	135

(b)

图 11

题 12. 根据会议室喷淋系统平面图（图 12）创建喷淋系统模型，其中喷淋喷头为下喷头，喷头高度为 4m，定义管道系统颜色为红色。

题12参考解答

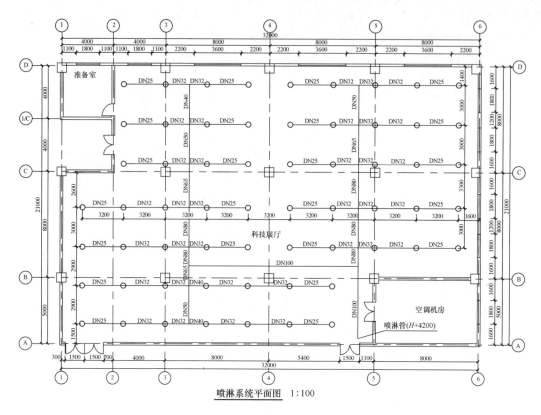

喷淋系统平面图 1:100

图 12

题 13. 根据给定尺寸，用体量形式建立陶立克柱的实体模型（图 13）。

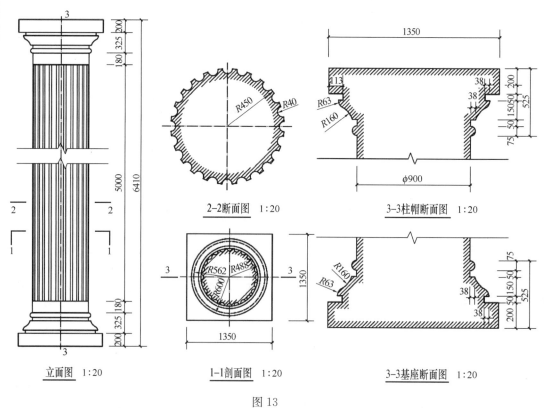

立面图 1:20   1-1剖面图 1:20   3-3基座断面图 1:20

图 13

题 14. 根据图 14 给定数值创建体量模型，包括幕墙、楼板和屋顶，其中幕墙网格尺寸为 1500mm×3000mm，屋顶厚度为 125mm，楼板厚度为 150mm。

题14参考解答

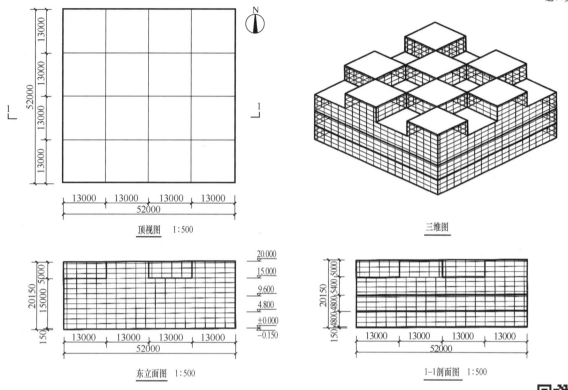

图 14

题 15. 根据图 15 给定尺寸建立台阶模型，图中所有曲线均为圆弧。

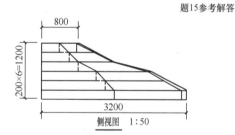

题15参考解答

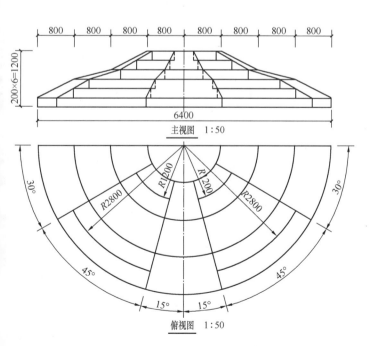

图 15

题 16. 根据题 12 所创建的模型，创建管道明细表，包括系统类型、尺寸、长度、合计四项指标，按系统类型与尺寸排序，并在明细表中分别计算管道各尺寸的长度及管道总长度。